Wie Ernährung unsere Landschaften formt

Dokumentation der Tagung „Ernährungskultur und Kulturlandschaft –
Wie Verbraucher zu Mitgestaltern einer attraktiven Landschaft werden"
am 11. und 12. Oktober 2012 in Schneverdingen

Impressum

Herausgeber: Bund Heimat und Umwelt in Deutschland (BHU)
Bundesverband für Kultur, Natur und Heimat e.V.
Adenauerallee 68, 53113 Bonn
Tel. 0228 224091, Fax 0228 215503
E-Mail: bhu@bhu.de, Internet: www.bhu.de

Redaktion: Dr. (des.) Martin Bredenbeck, Dr. Inge Gotzmann, Annette Grundmeier, Daniel Kölzer
Mitarbeit: Beate Lippert, Edeltraud Wirz
Verantwortlich für den Inhalt: Dr. Inge Gotzmann

Bildnachweis:
vordere Umschlagseite: Streuobstwiese bei Cleebronn (Württemberg). Foto: F. Höchtl
hintere Umschlagseite: links oben: Alpine Ideallandschaft im Trentino. Foto: G. Ermischer;
                         links unten: Heidschnucken in der Lüneburger Heide (Niedersachsen). Foto: D. Gotzmann;
                         Getreidefeld im LVR-Freilichtmuseum Lindlar (NRW). Foto: I. Gotzmann

Layout und Druck: Druckpartner Moser Druck + Verlag GmbH, Rheinbach

ISBN 978-3-925374-30-2

Nachdruck – auch auszugsweise – honorarfrei mit Quellenangabe gestattet.
Belegexemplar an den Herausgeber erbeten.
Das Buch wird an Mitglieder und Interessenten kostenlos abgegeben, Spende erwünscht. Bestellung beim Herausgeber.

Förderer
Das Projekt wurde finanziell gefördert durch die Landwirtschaftliche Rentenbank.

rentenbank

Der Förderer übernimmt keine Gewähr für die Richtigkeit, die Genauigkeit
und die Vollständigkeit der Angaben sowie für die Beachtung privater Rechte Dritter.

Kooperation
Das Projekt erfolgte in Kooperation mit der Alfred Toepfer Akademie für Naturschutz und der vom BMBF geförderten Forschungsnachwuchsgruppe PoNa der Leuphana Universität Lüneburg (FKZ: 01UU0903).

Bonn 2013

Inhalt

	Seite
Herlind Gundelach und Wolfgang Börnsen Vorwort	5
Durch Essgenuss zu schöner Landschaft – Auszeichnung als Projekt der UN-Dekade für Biologische Vielfalt	7
Susanne Eilers Landschaft, die schmeckt – Impressionen von einer außergewöhnlichen Veranstaltung	9
Roman Lenz Alte Linse – neues Bewusstsein: Die Wiederentdeckung traditioneller Nahrungsmittel	14
Amédée Mathier Kann man Landschaft trinken?	21
Franz Höchtl Mit gutem Gewissen genießen – Wie unsere Ernährung die Erhaltung wertvoller Lebensräume fördert	26
Hubert Koll Lernort Bauernhof – Ein Partner für das Erleben von Kulturlandschaft und regionaler Esskultur	35
Patrik Blumenthal Umsetzung der Tagung „Ernährungskultur und Kulturlandschaft" im Rahmen einer Koch-AG	42
Tanja Mölders Ernährungskultur und Kulturlandschaft nachhaltig gestalten – Reflexionen aus der Perspektive Vorsorgenden Wirtschaftens	44
Gerhard Ermischer Culinaria Regionalia – Eine kleine Kulturgeschichte des Essens und Trinkens	49

Inge H. Gotzmann
Berichte aus der Methodenküche – Vermittlung von landschaftsbezogener Ernährungskultur 95

Annette Grundmeier, Alexander Poloczek
Diskussionsansätze zur Vermittlung von Ernährungskultur und Kulturlandschaft. 103

Literaturhinweise 110

Autorinnen und Autoren 111

Anschriften BHU und Landesverbände 112

Selbstdarstellung des BHU 114

Publikationen des BHU 117

Gleichstellung von Frau und Mann
Wir sind bemüht, so weit wie möglich geschlechtsneutrale Formulierungen zu verwenden. Wo uns dies nicht gelingt, haben wir zur besseren und schnelleren Lesbarkeit des Textes die männliche Form verwendet. Natürlich gilt in allen Fällen jeweils die weibliche und männliche Form. Wir bitten hierfür um Ihr Verständnis.

Vorwort

Herlind Gundelach, Wolfgang Börnsen

Der Bund Heimat und Umwelt in Deutschland (BHU) setzt sich als Bundesverband der Bürger- und Heimatvereine für die Erhaltung der Kulturlandschaften ein. Diese werden wesentlich durch die Landwirtschaft geprägt. Unsere Landschaften sind Ausdruck gesellschaftlicher Lebens- und Arbeitsweisen. So bringen unterschiedliche Formen der landwirtschaftlichen Nutzung, des Konsums und der Verteilung von Nahrungsmitteln verschiedene Kulturlandschaften hervor. Im Zusammenhang mit dem Leitbild einer nachhaltigen ländlichen Entwicklung ist besonders von Interesse, wie die Verbindung zwischen Kulturlandschaft und Ernährungskultur zu gestalten ist, damit ländliche Räume als attraktive Lebensräume für Menschen, Tiere und Pflanzen erhalten bleiben oder wieder zu solchen werden. Hierzu bedarf es vor allem neuer Ansätze. Bürgerschaftliches Engagement und eine verstärkte Vermittlung der Thematik sind hierbei wichtige Bausteine.

Vor diesem Hintergrund hat der BHU die Tagung „Ernährungskultur und Kulturlandschaft – Wie Verbraucher zu Mitgestaltern einer attraktiven Landschaft werden" durchgeführt. Hier wurde vorgestellt, wie eine bewusste Esskultur und nachhaltige Produktionsweisen den Charakter von Kulturlandschaften und deren wertvolle Landschaftselemente bestimmen und erhalten können. Gerade in Ferien- und Ausflugsregionen können regionale Produkte als Helfer und Vermittler effektiv eingesetzt werden. Beispielhaft sei hier der Erhalt von Streuobstbeständen als Teil einer traditionellen Kulturlandschaft angesprochen. Mit einer Rückbesinnung auf Sortenvielfalt für die Saft- und Mostproduktion und für Spezialitäten wie Obstbrände kann dem Verlust alter Obstsorten und der damit verbundenen genetischen Vielfalt entgegengetreten werden. Auch historische Terrassenweinberge und Steillagen, die mit ihrem bunten Mosaik eng verzahnter Lebensräume die Grundlage für das Vorkommen zahlreicher Tier- und Pflanzenarten bilden, dürfen nicht aus dem Landschaftsbild verschwinden. Dafür ist eine wirtschaftliche Nutzung Voraussetzung. Ohne gute Kommunikation ist dies jedoch nicht zu bewerkstelligen. Landschaft lesen lernen ist eine wichtige Voraussetzung dafür, das eigene Verbraucherverhalten zu hinterfragen und ggf. zu ändern. Die Landwirtschaft kann dem Druck zur weiteren Intensivierung langfristig nur entgegenwirken, wenn Verbraucher die landschaftsgestalterische und ökologische Funktion wertschätzen und wenn auch entsprechende Fördervoraussetzungen vorhanden sind. Die EU-Agrarförderung steht dabei aktuell im Fokus der Diskussionen.

Die in dieser Publikation vorgelegten Beiträge sind das Ergebnis der Tagung. Sie machen „Essen und Trinken" als Schlüsselkategorien der Integration von Landschaftsschutz und -nutzung sichtbar und zeigen Wege zur Vermittlung dieses Zusammenhangs auf. Es gilt, Menschen auf den Geschmack regionaler Produkte zu bringen und zu zeigen, dass alle durch ihr persönliches Verbraucherverhalten einen Beitrag zur Erhaltung unserer Kulturlandschaft leisten können. Mit dieser Thematik hat sich der BHU in den letzten Jahren in einer ganzen Reihe von Projekten befasst. Die Vermittlungsarbeit nimmt dabei eine wichtige Rolle ein. Diese Aktivitäten des BHU wurden im Rahmen der UN-Dekade für Biologische Vielfalt ausgezeichnet.

Wir danken allen, die den Workshop mit Vorträgen und Impulsen mitgestaltet und ihre Beiträge für diese Dokumentation aufgearbeitet haben. Dank gilt auch den Kooperationspartnern – der Alfred Toepfer Akademie für Naturschutz und der Forschungsnachwuchsgruppe PoNa der Leuphana Universität Lüneburg. Der Landwirtschaftlichen Rentenbank gilt unser besonderer Dank für die Förderung des Projektes.

Wir wünschen den Leserinnen und Lesern eine interessante Lektüre, neue Erkenntnisse und viel Inspiration bei ihrem Einsatz für die Kulturlandschaft. Und wie könnte Kulturlandschaftspflege schöner gelingen als durch Essen und Trinken?

Dr. Herlind Gundelach, Senatorin a.D.
Präsidentin des BHU

Wolfgang Börnsen (Bönstrup) MdB
1. Vizepräsident des BHU

Durch Essgenuss zu schöner Landschaft – Auszeichnung als Projekt der UN-Dekade für Biologische Vielfalt

Die Aktivitäten des BHU zum Thema „Landschaft genießen – Regionale Esskultur als Beitrag zur Erhaltung von Kulturlandschaften" wurde als offizielles Projekt der UN-Dekade Biologische Vielfalt ausgezeichnet. Die Auszeichnung wird an Projekte verliehen, die sich in nachahmenswerter Weise für die Erhaltung der Biologischen Vielfalt einsetzen. UN-Dekadebotschafterin und Köchin Sarah Wiener überreichte dem Bund Heimat und Umwelt die Auszeichnung am 25. Januar 2013 in Berlin: „Beim Genuss der heimischen Esskultur spielt die Wahrnehmung mit allen Sinnen eine große Rolle. Dabei sollte die Herkunft der Produkte das Wichtigste sein und damit verbunden die traditionellen, extensiven Bewirtschaftungsformen, die die heimische Artenvielfalt fördern. So kann eine gelungene Verbindung des Schutzes unseres kulturellen und natürlichen Erbes funktionieren", so Sarah Wiener, die die Auszeichnungsinsignien im Restaurant „Das Speisezimmer" übergab.

Durch die bewusste und gezielte Nachfrage regionaler Produkte, Waren und Dienstleistungen haben Verbraucher die Möglichkeit, auf Herkunft und Qualität der Erzeugnisse Einfluss zu nehmen und auf diesem Wege an der Gestaltung der Kulturlandschaft mitzuwirken. Eine bewusste Esskultur mit der Besinnung auf Produkte, die durch entsprechende Produktionsweisen den Charakter von Kulturlandschaften und deren wertvolle Landschaftselemente

UN-Dekade-Botschafterin Sarah Wiener übergibt die Auszeichnung an den BHU. V.l.n.r.: Andreas Mücke, Landwirtschaftliche Rentenbank; Dr. Inge Gotzmann, BHU-Bundesgeschäftsführerin; Sarah Wiener und Dr. Herlind Gundelach, BHU-Präsidentin. *Foto: D. Gotzmann*

bestimmen, kann zu deren Erhalt beitragen. Mit der damit einhergehenden Lebensraumvielfalt wird ein unmittelbarer Beitrag zur Artenvielfalt geleistet. Hierzu zählen beispielsweise die Erhaltung von Steillagenweinbau, Streuobstwiesen, Teichwirtschaft oder Almwirtschaft, aber auch die Verwendung alter Kulturpflanzensorten im heimischen Nutzgarten. Hierbei verbindet sich der Schutz des kulturellen Erbes mit dem Naturerbeschutz. Gerade in Ferien- und Ausflugsregionen können regionale Produkte effektiv eingesetzt und vermittelt werden, aber das Bewusstsein für nachhaltige Ernährungskultur muss auch in unser Alltagsverhalten eingehen.

Der BHU hat im Rahmen der Aktivitäten „Landschaft genießen – Regionale Esskultur als Beitrag zur Erhaltung von Kulturlandschaften" eine Tagung und eine Fortbildung durchgeführt. Die Publikation „Landwirtschaft – Kulturlandschaft – Regionale Esskultur" zählt ebenso dazu wie der vorliegende Band. „Die Aktivitäten geben Impulse, wie die Interessen von Landwirten, Vermarktungsinitiativen, Gastwirten und Verbrauchern gewahrt und zusammengeführt werden können", so Angela Krumme, Mitarbeiterin der Geschäftsstelle der UN-Dekade Biologische Vielfalt. „Das Landschaftsbild ist durch die landwirtschaftliche Nutzung wesentlich geprägt. Der Verbraucher kann hier durch die Nachfrage regionaler Produkte die Landwirtschaft stärken und zur Erhaltung eines vielfältigen Landschaftsbildes beisteuern. Dies ist ein wichtiger Beitrag zum Schutz der Artenvielfalt und wurde von der Jury als auszeichnungswürdig befunden", so Krumme weiter. Modellhaft wird hier gezeigt, wie der Zusammenhang zwischen Konsumverhalten, Produktqualität und Qualität der Kulturlandschaft einschließlich ihrer biologischen Vielfalt anregend vermittelt werden kann.

Hinsichtlich der kontinuierlichen Weiterführung des Projekts entwickelt der BHU gemeinsam mit seinen Landesverbänden weitere Aktivitäten. Die Aktivitäten des BHU in diesem Themenbereich werden von der Landwirtschaftlichen Rentenbank gefördert.

Auszeichnungen zum UN-Dekade-Projekt finden im Rahmen der Aktivitäten zur UN-Dekade Biologische Vielfalt statt, die von den Vereinten Nationen für den Zeitraum von 2011 bis 2020 ausgerufen wurde. Ziel der internationalen Dekade ist es, den weltweiten Rückgang der Biologischen Vielfalt aufzuhalten. Das Projekt „Landschaft genießen – Regionale Esskultur als Beitrag zur Erhaltung von Kulturlandschaften" wird auch auf der deutschen UN-Dekade-Webseite unter www.un-dekade-biologische-vielfalt.de vorgestellt.

Literatur

Bund Heimat und Umwelt (Hrsg.) (2010): Landwirtschaft – Kulturlandschaft – Regionale Esskultur. – Bonn.

Landschaft, die schmeckt – Impressionen von einer außergewöhnlichen Veranstaltung

Susanne Eilers

Der Walliser als „vertikaler Nomade"

„Spüren Sie ihn auch – den ganz leichten Salzgeschmack?" fragt Amédée Mathier. Tatsächlich, der ganz feine Hauch eines Salzaromas kräuselt sich auf der Zunge – neben feinen Tee- und Lindenblütenaromen kommen Quitte und gedörrte Aprikosen hinzu.

Was für ein Abschluss eines ersten Veranstaltungstages – vollgepackt mit Informationen, Diskussionen, guten Gesprächen und kulinarischen Köstlichkeiten! Mitten in der Lüneburger Heide lauschen bei abendlichem Kerzenschein die TeilnehmerInnen den Erzählungen des Winzers aus dem Wallis. Strahlend, gleichzeitig unaufgeregt und angenehm unprätentiös macht er die Produktion seiner Spitzenweine anschaulich. Lässt den Weg, den so ein Wein geht, vor unserem inneren Auge lebendig werden: Wir wandern mit ihm die steilen Hänge der von schützenden Natursteinen umfassten „Domain de Ravoire" hinauf, einer der ältesten Rebsteillagen des Wallis – auch kulturhistorisch ein lebendiges Zeugnis einer traditionsreichen Rebkultur. Und staunen über die Entstehungsgeschichte dieses besonderen Weines, den wir gerade kosten – gereift in Amphoren nach der sogenannten Kvevri-Methode, eine jahrtausendealte Tradition aus Georgien.

„Da wirkt die Landschaft"

Davon ist der Winzer aus dem Wallis überzeugt. Und: „Die Liebe zur Landschaft ist auch die Liebe zum Produkt." Ihm ist es wichtig, der Entkoppelung des Produktionsprozesses des Weins vom Wahrnehmungsprozess durch die Menschen, die ihn trinken, etwas Kreatives, Genussreiches entgegenzusetzen: „Sich Zeit nehmen" und „sich einlassen" auf den Wein und die Landschaft – eine Haltung, die ihn auszeichnet. Zu der er auch andere ermuntern will. Nur so offenbare einem der Wein sein Wesen.

Sicher, die Werbeprospekte von Albert Mathier & Söhne sind stilvoll, aussagekräftig – und so getextet,

Abb. 1: Abschluss des ersten Veranstaltungstages – Amédée Mathier präsentiert seine Weine.
Foto: D. Gotzmann

Abb. 2: Die „Domain de Ravoire" liegt am Südhang der Walliser Alpen.
Foto: A. Mathier

als wolle der Winzer mit dem Kunden nicht nur in Kontakt, sondern in ein wirkliches Gespräch kommen. Aber dann berichtet er uns von einer noch spannenderen Aktion, die uns selbst in der Lüneburger Heide überlegen lässt, ob wir nicht zum Aktionär in Sachen Wein werden sollten.

Seit dem Jahr 2006 ist eine eigenständige Aktiengesellschaft für die Organisation des Rebberges „Domaine de Ravoir" zuständig – je zur Hälfte wahrgenommen durch die Weinfreunde, die Aktien halten, sowie durch die Albert Mathier & Söhne AG. Ein einmaliges Projekt in der Schweiz, bei dem neben gemeinsamen Aktionen wie einem Event im Rebberg die Aktionäre ihren eigenen Wein assemblieren dürfen – und sollen. Sie begleiten ihren Wein, der später – Barrique-gereift – auch im Handel erhältlich ist. „Man macht etwas gemeinsam, lernt etwas – und das Menschliche kommt auch nicht zu kurz", fasst Amédée Mathier dieses Konzept zusammen. Überzeugend.

Eigensinn und Engagement

Es scheinen Menschen „mit Ecken und Kanten", mit einem ausgeprägten Maß an Individualität und gleichzeitig einer starken Bindung zur Landschaft – zu ihrer Heimat – zu sein, die sich für das Thema Kulturlandschaft und den Erhalt alter Sorten einsetzen. Professor Dr. Roman Lenz, Leiter der Archekommission von Slow Food Deutschland, der über das Thema „Alte Linse – neues Bewusstsein: Die Wiederentdeckung traditioneller Nahrungsmittel" referierte, hält die Konvention zur Biologischen Vielfalt für sehr wichtig: Es sei gut, wenn man sich darauf beziehen könne und das Thema damit auch eine politische Dimension hätte.

Aber ansonsten seien Leute „wie der Mammel schon sehr tough". Gemeint ist der Biobauer Woldemar Mammel, der 1985 auf seinem Hof wieder Linsen anzubauen begann. Da die alten Sorten „Späths Alblinse 1" und „Späths Alblinse 2" nicht mehr vorhanden waren, wurden grüne französische Linsen verwandt, die auf den Böden gute Anbaubedingungen fanden. Bei einem spektakulären Fund in der Wawilow-Genbank in St. Petersburg im Jahr 2006 wurden die alten Sorten dann wieder entdeckt und werden seitdem in Schwaben wieder angebaut (www.alb-leisa.de).

Thema Agrobiodiversität: Obwohl es die Lebenswelt von uns allen betrifft, werde das Aussterben „ein bisschen ignoriert", sei noch nicht im allgemeinen Bewusstsein, wie Roman Lenz konstatiert. Dabei seien inzwischen rund 70 % der Kulturpflanzensor-

Abb. 3: Heimkehr auf Umwegen: Die Alblinse kehrte über Frankreich und St. Petersburg wieder in ihre ursprüngliche Heimat auf der Schwäbischen Alb zurück – hier eine Sorte aus Frankreich.   Foto: T. Stephan

und eines mit einem hohen (An)Reiz. Dies erlebten die Teilnehmenden der Veranstaltung am zweiten Tag. Jörg Wilke, Leiter des Northern Institute of Thinking in Varel, hatte den Tisch reichhaltig gedeckt: BIO-Leberwurst vom Bunten Bentheimer Schwein, Minisalami vom Lamm, Butendieker BIO-Rohmilchkäse, Wesermarsch-Schwarzbrot, Sauerrahmbutter mit einer Leuchtturm-Prägung(!) und feiner Blütenhonig. Seinen „Werkstattbericht aus der Wesermarsch" fanden die TeilnehmerInnen sehr praxisorientiert und überaus spannend – aber erst wurde ausgiebig probiert und geschlemmt.

Wenn man (so gut) isst, ist es augenfällig: Nur durch unser Tun können wir beitragen und etwas verändern. Was so überzeugend mundet, braucht natürlich auch ein intelligentes, authentisches Marketing und eine gut funktionierende Vertriebsstruktur. So können die „Wesermarsch-Spezialitätenkisten" in unterschiedlicher Zusammensetzung vor Ort in der Region erworben oder auch direkt über den Verein „proRegion Wesermarsch/Oldenburg e.V." bestellt werden.

ten ausgestorben oder nur noch in Genbanken vorhanden. Dem wolle die Slow Food Stiftung für Biologische Vielfalt entgegenwirken: „Lebensmittel bedeuten Werte" sei die Philosophie. Auf einer Arche des Geschmacks würden die verschiedensten „Passagiere" – ausgewählt anhand spezifischer, überprüfbarer Kriterien – Platz finden: Tierrassen ebenso wie Gemüse- und Obstsorten, auch Produkte.

„Retten durch essen"

Ein eingängiges, plausibles Motto, vorgetragen von Professor Lenz –

Abb. 4: „Der Mensch ist, was er isst" – Verköstigung am zweiten Veranstaltungstag.   Foto: D. Gotzmann

Abb. 5: Der „Oxenburger" ist die nachhaltige und schmackhafte Antwort von Jörg Wilke auf die steigende Nachfrage von „Fingerfood". Foto: A. Blunck

Ein weiteres Produkt des Vereins: Das liebevoll gestaltete „Wesermarsch-Spezialitäten-Kochbuch Ochse & Lamm". „Hochrippe mit Vollkorn-Serviettenknödeln und Honigmöhren", „gefüllte Roastbeefröllchen" oder „Ochsenbraten mit Apfelmeerrettich" lassen sich nachkochen – oder aber in der Region genießen: Landschaft, die man schmecken kann – auch auf den jährlich stattfindenden Lammwochen …

„Und schnacken muss man können!"

Die Qualität, der gute Geschmack und die Vielfalt der regionalen Produkte sind das eine: Eine lebendige und authentische Kommunikation das andere. Anschaulich illustrierte Jörg Wilke den sehr norddeutsch-klingenden Satz, man müsse auch gut „schnacken" können, am Beispiel der „Melkhüs". Aus dem Impuls einiger Landfrauen aus der Wesermarsch vor rund zehn Jahren sei ein überzeugendes und sehr gut angenommenes Konzept – auch in anderen Regionen – geworden: RadfahrerInnen auf ihren Touren in kleinen Häusern – „Melkhüs" – mit Milchprodukten zu versorgen – Klönschnack inklusive (www.melkhus.com).

Die verschiedenen Ebenen der Kommunikation

Einen frisch-fruchtigen Milch-Shake oder eine leckere Quarkspeise als „kommunikativen Anlass" zu nutzen, um vorbeifahrenden RadlerInnen die Produktionsweisen und -bedingungen auf dem eigenen Hof näher zu bringen, ist eine Möglichkeit. Einen weiteren, ergän-

Abb. 6: Wildpflanzen sind ein wertvoller Beitrag zum Artenschutz. Foto: J. Teucher

zenden und vertieften Zugang zu dem Thema bietet der fachliche, wissenschaftliche Hintergrund. Und hier vor allem die Frage, inwieweit – und in welcher Weise – sich der Erhalt der Biologischen Vielfalt und der Kulturlandschaftsschutz ganz konkret und unterstützend auf den Naturschutz auswirken.

„Wie durch gutes Essen und Trinken wertvolle Lebensräume entstehen" (oder erhalten bleiben), diesem Thema widmete Dr. Franz Höchtl einen anschaulichen Vortrag. Er illustrierte, wie wir als KonsumentInnen durch unseren Kauf mit steuern können, dass z.B. durch eine extensive Weidewirtschaft Räume entstehen, die auch für eine Vielzahl anderer Lebewesen einen Lebensraum darstellen. Neben der Vielfalt und den positiven Effekten für den abiotischen Bodenschutz hätten arten- und strukturreiche Lebensräume eine besondere Ästhetik, die uns auch „nähren" würde – nur eben auf eine andere Art und Weise. Darüber hinaus seien gerade die verschiedenen Landbewirtschaftungsformen kulturell und historisch besonders interessant und aussagefähig. Sie wären ein Zeugnis alter Kulturtechniken – auch monetär keinesfalls zu unterschätzen, wie Amédée Mathier, der Winzer aus dem Wallis, ergänzte. Würde man die Natursteinmauern seiner Weinberge heute (nach)

Abb. 7: Historische Trockenmauern sind ein kostbarer Bestandteil der Kulturlandschaft Weinberg.
Foto. A. Mathier

bauen, würden sich die Kosten auf 11 Millionen Franken belaufen.

Nicht zuletzt verwies Franz Höchtl auf das eher abstrakt klingende, aber sehr praxisnah orientierte Konzept der ökonomischen Bewertung von Lebensräumen, dem sogenannten „Ecosystem Services Concept". Das Bestäuben durch Insekten, das natürliche Filtrieren von Wasser durch den Boden, das Zur-Verfügung-Stellen von Erholungs- und Freizeiträumen: All diese Leistungen will der Ansatz der Ökosystemleistungen sichtbar machen und „in Wert setzen" – auch ein Instrument der Sensibilisierung und Kommunikation von Naturschutz.

Alte Linse – neues Bewusstsein: Die Wiederentdeckung traditioneller Nahrungsmittel

Roman Lenz

Zusammenfassung

Biodiversität ist in aller Munde – wirklich? Also auch auf dem Teller und folglich auf dem Acker in der Landschaft? Seit der sogenannten Grünen Revolution in der Landwirtschaft vor einigen Jahrzehnten sind die Erträge von Kultursorten gestiegen und die Anzahl der Sorten (sowie der wildlebenden Tiere und Pflanzen) hat deutlich abgenommen. Manche sprechen von einem Verlust von 75 % aller Kulturpflanzensorten (BMU 2007: 102) – ist das ein Verlust für die Ernährungskultur und die Kulturlandschaft? In diesem Beitrag sollen beispielhaft Projekte der internationalen Bewegung von Slow Food und deren Stiftung für Biodiversität vorgestellt und über einige Wiederbelebungen und Schutzbestrebungen von sogenannten Archepassagieren und Förderkreisen berichtet werden. Dabei stehen die Alblinsen (von der Schwäbischen Alb) und das Filderspitzkraut (von den Fildern südlich von Stuttgart) im Vordergrund.

Einführung

Die Vielfalt der in der Landwirtschaft genutzten Arten sowie die Vielfältigkeit der Sorten und deren unterschiedliche Ausprägungen und Anpassungen sind Voraussetzungen für eine nachhaltige, umweltschonende Produktion von Nahrungs- und Futtermitteln sowie pflanzlichen Rohstoffen. Aber genau diese Agrobiodiversität und im Besonderen die Erhaltung von Gemüsesorten, die traditionell in bestimmten Regionen angebaut werden, sind von genetischer Erosion bedroht. Eine Anfrage im baden-württembergischen Landtag im Jahr 2009 nach Erhaltung und Pflege alter Nutzpflanzensorten in Baden-Württemberg hat ergeben, dass es zwar bei Obstsorten eine Art Dokumentation und Pflege von Sorten im Land gibt, aber keineswegs bei den Gemüsesorten. Es werden derzeit eigene Erhaltungsprogramme des Landes vor allem bei Obst und Wein durchgeführt, während bei anderen Kultursorten wie Gemüse und Getreide (mit Ausnahme eines ehemals vom Land geförderten Samengartens in Eichstetten sowie einer wissenschaftlichen Begleitforschung zum Alblinsenanbau an der HfWU (Hochschule für Wirtschaft und Umwelt, Nürtingen-Geislingen) die Erhaltung fast ausschließlich durch kleinbäuerliche engagierte Betriebe und private Initiativen erfolgt.

Der Schutz und die Erhaltung der reichen biologischen Vielfalt in den Regionen der EU hat dabei einen sehr hohen Stellenwert, was u.a. die Ende 2010 in Kraft getretene Richtlinie 2009/145/EG über Erhaltungssorten von Gemüse belegt. Diese Richtlinie sieht ein vereinfachtes Verfahren vor, das ein flexibleres System für die Prüfung, Kontrolle und Eintragung von Gemüsesorten ermöglicht, die nicht für den kommerziellen Anbau bestimmt sind. Darunter fällt auch die Bewahrung der in der EU vorhandenen Sorten vor dem Aussterben. Nur durch die aktive Verwendung von Gemüsesorten im Anbau, aber auch in der Vermarktung, können diese für künftige Generationen erhalten bleiben.

Somit werden durch den Schutz dieses Kulturerbes auch die traditionellen regionalen landwirtschaftlichen Verfahren bewahrt, die normalerweise nicht im Anbau zu kommerziellen Zwecken angewendet werden. Nicht zuletzt profitiert hierdurch der Verbraucher, der aus einer breiteren Palette hochwertiger Produkte auswählen kann. Doch wer unterstützt den Verbraucher bei den Auswahlmöglichkeiten?

Slow Food und die Arche des Geschmacks

Slow Food ist ein internationaler Non-Profit-Verein, der 1986 in Italien als Antwort auf die rasante Ausbreitung des Fastfood und des damit einhergehenden Verlustes der Esskultur und Geschmacksvielfalt gegründet wurde. Heute ist Slow Food eine weltweite Bewegung mit mehr als 100.000 Menschen in rund 150 Ländern. Insgesamt gut 1.300 Convivien (lat. für Tafelrunde) – die regionalen Gruppen von Slow Food – organisieren viele Veranstaltungen und Zusammenkünfte mit dem Ziel, regionalen Geschmack kennenzulernen und das Wissen um die Geschmacksvielfalt sowie deren Bedeutung zu fördern.

In Deutschland ist Slow Food seit 1992 aktiv und hat inzwischen mehr als 12.000 Mitglieder in über 80 Convivien. Slow Food Deutschland e.V. engagiert sich u.a. im Verbraucherzentrale Bundesverband e.V. für die Interessen der Verbraucher und der qualitätvoll arbeitenden Lebensmittelerzeuger und Gastronomen. Gefördert werden die nachhaltige Landwirtschaft und Fischerei, die artgerechte Viehzucht und das traditionelle Lebensmittel-Handwerk sowie die regionale Geschmacksvielfalt.

Slow Food schult die Geschmackssensibilität der Verbraucher und setzt sich für die Erhaltung der biologischen Vielfalt ein. Slow Food ist die Verbindung zwischen Ethik und Genuss und gibt dem Essen seine kulturelle Würde zurück.

Das internationale Slow Food Projekt zur Erhaltung der Biodiversität – von Slow Food 1996 gegründet – schützt weltweit mehr als 1.000 regional wertvolle Lebensmittel, Nutztierarten und Kulturpflanzen vor dem Vergessen, indem sie in die Arche des Geschmacks aufgenommen werden. Passagiere der Arche erfüllen folgende Kriterien:
- Existenzbedrohung
- einzigartige geschmackliche Qualität
- historische Bedeutung
- identitätsstiftender Charakter für eine Region

Abb. 1: Auch ein Archepassagier: Das Stuttgarter Gaishirtle.
Foto: S. Reitmeier

- Unterstützung der nachhaltigen Entwicklung einer Region
- Tiere stammen aus artgerechter Haltung
- frei von gentechnischer Veränderung
- Produkte sind käuflich erwerbbar

Mit dem Wissen, dass biologische Vielfalt regionale Wurzeln besitzt, bewahrt die Arche des Geschmacks das kulinarische Erbe der Regionen. In Deutschland sind es aktuell 35 Passagiere. Schwerpunkt der Arbeit ist das aktive Sammeln, Beschreiben und Katalogisieren der Passagiere. Die Arche des Geschmacks ist ein eingetragenes Warenzeichen von Slow Food International.

Das sogenannte Presidi-Projekt wurde von der Slow Food Stiftung für Biologische Vielfalt im Jahr 2000 ins Leben gerufen, weil ein aktiver Schutz der jeweiligen Archepassagiere über die Sammlung und Beschreibung hinaus notwendig geworden war. Das Presidio (ital. für Schutzraum) ist ein Netzwerk, geknüpft von aktiven Produzenten und engagierten Slow Food Mitgliedern, Lebensmittelhändlern, Experten sowie interessierten Gastronomen, Köchen, Förderern und Touristikern. Sie erarbeiten gemeinsame Aktivitäten anhand folgender Kriterien:
- Einführen verbindlicher ökologischer Produktionsstandards für handwerklich erzeugte Produkte
- Öffnen von Absatzmärkten für traditionelle Lebensmittel der Presidi
- Erhalten lokaler Ökosysteme und regionaler Traditionen

Im Dreiklang von gut, sauber und fair schützt dieses internationale Slow Food Projekt in weltweit rund 400 Presidi, davon fünf in Deutschland, die Qualität unverfälschter regionaler Lebensmittel und die gerechte Entlohnung der Produzenten. Presidi als Netzwerke des Geschmacks sichern kulturelles Wissen, erhalten die biologische Vielfalt der Produkte und fördern regionale Wertschöpfung (www.slowfood.de/biodiversitatet; LANG 2011).

Alblinsen

Die „Alb-Leisa", so der Name im schwäbischen Dialekt, wurden im September 2012 nun zum Slow Food Presidio-Projekt. Diese Projekte unterstützen Landwirte und Lebensmittelhandwerker dabei, ihre traditionell hergestellten Produkte in der modernen Wirtschaft zu vermarkten und so zu erhalten. In Deutschland gibt es neben den neu hinzugekommenen Linsen noch vier weitere Presidi: den Schaumwein aus der Champagner-Bratbirne (Presidio seit 2007), die Kartoffelsorte Bamberger Hörnla (2009), den Limpurger Weideochsen (2009) und den Fränkischen Grünkern (2010).

Abb. 2: Linsenpflanzen mit Hafer als Stützfrucht.
Foto: S. Reitmeier

Alblinsen zeichnen sich durch einen intensiven, aromatisch-nussigen Geschmack aus. Sie enthalten wie die meisten Hülsenfrüchte relativ hohe Mengen an Eiweiß und Mineralstoffen. Dadurch wurden sie gerade in ärmeren Regionen, wie die Schwäbische Alb es lange Zeit war, ein Ersatz für Fleisch. Für eine vollwertige Eiweißversorgung müssen Hülsenfrüchte allerdings gemeinsam mit Getreidespeisen verzehrt werden. Diese moderne wissenschaftliche Erkenntnis steckt schon in vielen traditionellen Gerichten, wie z.B. dem Schwäbischen Nationalgericht „Linsen und Spätzla".

Vor 40 Jahren war der Linsenanbau auf der Alb vollständig verschwunden, und mit ihm die alten einheimischen Sorten. Die niedrigen Erträge und der große Arbeitsaufwand bei Ernte und Reinigung waren ausschlaggebend für das Verschwinden dieser seit über zwei Jahrtausenden auf der Alb kultivierten Nahrungspflanze. Heute bauen über 60 Landwirte wieder Linsen an – in der Öko-Erzeugergemeinschaft Alb-Leisa ausschließlich nach den strengen Richtlinien ökologischer Anbauverbände. Dementsprechend vielfältig präsentieren sich die Linsenäcker; zwischen den Linsen und ihrem Stützgetreide, meist Braugerste oder Hafer, tummeln sich unzählige Insekten und Kleinstlebewesen; es finden sich zahlreiche Ackerwildkräuter.

2001 gründeten die Linsenpioniere der Familie Mammel die Erzeugergemeinschaft „Alb-Leisa", um Trocknung, Reinigung, Abpackung und Vermarktung zu koordinieren. Seitdem steigt die Zahl der ausschließlich biologisch wirtschaftenden Linsenbauern stetig. Über die Hälfte des gesamten Linsenanbaus stellen dabei die beiden heimischen Sorten Späths Alblinsen I und II, welche man 2006 in St. Petersburg im Vavilow-Genzentrum entdeckte und seitdem vermehrt. Das Presidio „Alblinse" verfolgt dabei das Ziel, den Linsenanbau auf der Schwäbischen Alb weiter zu etablieren, und setzt sich insbesondere für den Schutz und die weitere Verbrei-

Abb. 3: Linsen in der Trocknungs- und Reinigungsanlage.
Foto: S. Reitmeier

tung der beiden autochthonen Linsensorten ein. Die Öko-Erzeugergemeinschaft „Alb-Leisa" vermarktet die Alblinsen möglichst regional in und um das Anbaugebiet. Im Presidio Alblinsen sind nur die Sorten Späths Alblinse I und Späths Alblinse II vertreten. Ein Antrag auf eine geschützte Ursprungsbezeichnung (g.U.) ist in Arbeit.

Die besonderen Standortbedingungen auf der Schwäbischen Alb, die traditionelle, biologische Bewirtschaftung, die alten Sorten und deren spezifische Gerichte knüpfen an lokale Traditionen auf dem Feld und in der Küche an. Die Erzeugergemeinschaft Alb-Leisa (www.alb-leisa.de) und das Presidio werden unterstützt von den Slow Food-Convivien Stuttgart und Tübingen.

Abb. 4: Die Champagnerbratbirne. Foto: J. Geiger

Abb. 5: Streuobst am Albtrauf. Foto: S. Reitmeier

Neben den Alblinsen gibt es noch weitere erfolgreiche Beispiele von Slow Food-Archepassagieren aus Baden-Württemberg. Im Streuobstbereich ist insbesondere der Birnenschaumwein, hergestellt aus der Obstsorte Champagnerbratbirne, bekannt. Dies war die erste Presidio-Anerkennung von Slow Food International in Deutschland im Jahr 2007. Hier sind mittlerweile über 150 Erzeuger für einen Produzenten und Abfüller tätig. Sozusagen im Kielwasser dieses Flaggschiffprodukts – vor allem aber auch durch die Innovationskraft der Produzenten – sind weitere Produkte aus Streuobst entstanden, die einen wachsenden Markt bedienen und zum Erhalt bzw. zur nachhaltigen Bewirtschaftung der Streuobstwiesen beitragen (www.manufaktur-joerggeiger.de). Natürlich sind hier auch die vielen regionalen Initiativen zur Apfelsaftproduktion, aber auch weiter veredelter Produkte, zu nennen.

Das Filderspitzkraut
Eine wesentliche Besonderheit bei dieser alten Gemüsesorte ist neben dem fruchtbaren und einmaligen Anbaugebiet der Filder der Umstand, dass das Filderkraut von verschiedenen Landwirten als sog. Landsorte in Eigenregie vermehrt und angepflanzt wurde und wird. Diese Tatsache war die Grundlage für den Erhalt dieser alten Kultursorte über die letzten 50 Jahre, in denen das Filderkraut aufgrund

von Rationalisierungen an Bedeutung für die klassische Sauerkrautherstellung verlor. Aber nicht nur die kleinbäuerliche Erzeugung und der Bezug zu einem Anbaugebiet ist das Besondere am „Filderkraut". Der spitz zulaufende Kopf ist bei dieser Gemüsesorte bereits ein einmaliges Erkennungsmerkmal und macht dieses somit zu einem Unikat mit ausgezeichnetem Ruf beim Verbraucher.

Genau dieses Erkennungsmerkmal und der damit verbundene Ruf des Erzeugnisses bei den Verbrauchern ist für den kommerziellen globalen Gemüsemarkt einmalig und wurde deshalb in der Zwischenzeit von Saatgutkonzernen aufgegriffen. Das Potential einer solchen alten Gemüseform wurde somit längst durch die global agierenden Unternehmen der Saatgutindustrie und deren Absatzmarkt erkannt. Durch die Bewerbung des Filderkrauts im Rahmen der geografischen Anmeldung hat sich eine Nachfrage auf Verbraucherseite und somit im Einzelhandel ergeben, die weit über Baden-Württemberg hinausgeht. Diese Nachfrage kann leicht von Gemüseanbauern befriedigt werden, welche auf die in den letzten Jahren neuentwickelten Hybridsorten der Saatgutindustrie und deren Jungpflanzenzüchter zurückgreifen können. Hierzu muss nicht mal mehr der Anbau auf den Fildern stattfinden. Es fand und findet nicht nur eine Entkopplung des ursprünglichen Produktes statt, nämlich von dessen Besonderheit durch die Landsorte einerseits und von dessen namengebenden/spezifischen Anbaugebiet andererseits, sondern es werden durch die modernen kommerziellen Bereitstellungsmethoden auch die ursprünglich noch vorhandenen Filder-

Abb. 6: Das Filderspitzkraut. Foto: R. Lenz

krautsorten im Stammgebiet der Filder zurückgedrängt – somit wird das Aussterben der letzten Landsorten noch beschleunigt.

In der Arbeit von Smolka (2010) wurden ca. 14 Spitzkrautsorten vermutet, die allerdings nirgendwo als Sorten genauer beschrieben oder gar erfasst sind. Während die Vermehrung und Anzucht von Jungpflanzen bislang überwiegend in Betrieben auf den Fildern geleistet wurde, wandert dies nun zunehmend nach Holland ab. Dabei besteht natürlich das Risiko, dass diese Sorten evtl. „zu weit aus der Hand gegeben werden" und teilweise verschwinden. Das Filderspitzkraut wurde im November 2012 als g.g.A. der EU (geschützte geographische Angabe der Europäischen Union) eingetragen – allerdings als Filderkraut, d.h., es sind alle Krautsorten von den Fildern als Herkunftsbezeichnung geschützt, und nicht speziell die lokalen Spitzkrautsorten. Diese werden bisher nur über die Arche des Geschmacks von Slow Food „sichtbar" gemacht!

Schlussfolgerungen

Die nationale Biodiversitätsstrategie fordert den „Ausbau der Erhaltung sowie verstärkten Anbau bedrohter, regionaltypischer Kulturpflanzensorten und Nutztierrassen, u.a. durch wirtschaftliche Nutzbarmachung und ggf. Abbau administrativer Hemmnisse" (BMU 2007: 31). Kann der Verbraucher hierzu etwas beitragen? Ja, indem er die Nachfrage nach solchen Sorten und Rassen stärkt. Ja auch, wenn er sich – politisch – für den Abbau administrativer Hemmnisse einsetzt, wie z.B. der besseren Verfügbarmachung von Sorten und dem Abbau von Vorschriften z.B. für Handelsklassen, die sich rein an Größe und Optik orientieren. Alte Sorten und neues Bewusstsein können sich dabei hervorragend ergänzen, und Verbraucher zu Mitgestaltern einer vielfältigen und damit attraktiven Landschaft machen.

Literatur

BUNDESMINISTERIUM FÜR UMWELT, NATURSCHUTZ UND REAKTORSICHERHEIT (BMU) (Hrsg.) (2007): Nationale Strategie zur biologischen Vielfalt. Reihe Umweltpolitik. – Bonn.

LANG, G.W. (2011): Essen, was man retten will. Mit der „Arche des Geschmacks" setzt sich Slow Food für den Erhalt regionaler Vielfalt ein. – In: AgrarBündnis e.V. (Hrsg.): Kritischer Agrarbericht. – Hamm.

SMOLKA, R.S. (2010): Bestandsanalyse und Erzeugererhebung zu den Perspektiven des Filderkrauts. Bachelorthesis an der Fakultät 2 der Hochschule für Wirtschaft und Umwelt. – Nürtingen-Geislingen.

Internet

www.albleisa.de
www.manufaktur-joerg-geiger.de
www.slowfood.de/biodiversitaet

Kann man Landschaft trinken?

Amédée Mathier

Die Weinkellerei Albert Mathier & Söhne AG ist ein kleiner Familienweinbaubetrieb, der seine eigenen Rebberge bearbeitet, Trauben zukauft, vinifiziert und auf den Markt bringt. Die Weine werden mehrheitlich in der Schweiz verkauft, ein kleiner Teil davon geht in den Export.

Anhand von drei Aussagen möchte ich Ihnen unser Schaffen und Wirken als Begleiter des Genussmittels Wein näherbringen:
- Die Liebe zur Landschaft zeigt sich in der Liebe zum Produkt
- Ein natürliches Produkt wie der Wein kann nicht losgelöst von der Landschaft betrachtet werden
- Zur Weinqualität gehört auch eine Landschaftsqualität

Vom Winzer zum Verkäufer

Viele Jahre haben wir uns hauptsächlich um die Rebberge gekümmert, daraus erlesene Weine gekeltert und diese an Weinliebhaber verteilt. Der Absatz war nie ein Problem, wir hatten Zeit, um uns um Landschaft und Wein zu kümmern. Mit der Liberalisierung des Schweizer Weinmarktes änderten sich die Rahmenbedingungen für den Rebbau massiv. Das Pflegen der Rebhänge und das Erarbeiten qualitativ hochstehender Weine war die Hauptaufgabe, nun kam der Verkauf neu dazu – auf einmal mussten wir unsere Weine verkaufen. Weine machen, rsp. begleiten können wir, Reben pflegen auch, aber verkaufen? Das ist etwas für die Anderen. Für Leute in großen Büros und für Leute mit Vertreterautos. Aber, wie können wir den Absatz unserer Weine

Abb. 1: Harmonisches Gefüge von Natur-Landschaft und Kulturlandschaft.

Abb. 2: Die Weinbergterrassen der Weinkellerei Albert Mathier & Söhne AG.

Abb. 3: Weinkellerei Albert Mathier & Söhne AG ist ein Familienweinbaubetrieb.

rassen-Rebberg, mit über 3.000 m Natursteinmauer. Vom Hang herunter sieht man die Silhouetten der mittelalterlichen Schlösser von Tourbillion und Valeria, der Wahrzeichen des Walliser Rhonetals – ein Rebberg wie im Bilderbuch. Wir waren uns der Wirkung dieses Rebberges und dieser Landschaft nie bewusst. Für uns war diese Schönheit schlichtweg normal und nichts Besonderes.

Die Domaine de Ravoire ist in vieler Hinsicht ein besonderer Rebberg. Es ist einer der ältesten Rebberge des Wallis. Steile Terrassenlagen, Natursteinmauern, ein Rebhaus und die autochthonen Walliser Rebsorten prägen das Bild dieser einmaligen Kulturlandschaft. In der Mitte des Rebberges steht ein kleines Haus mit einem Vorplatz, auf den wir ab und zu Freunde eingeladen haben. Diese waren jedes Mal vom Wein und der Landschaft begeistert. Immer wieder kam die Bemerkung, „wie kann man so eine Lage, so einen Rebberg marketing- und verkaufstechnisch ungenutzt lassen?" Andernorts muss man nach Inhalten und Ideen suchen, hier lag bereits alles vor. Man muss die Geschichte und diese Bilder zum Weingenießer bringen! Aber wie?

langfristig sichern und in der globalisierten Welt verkaufen?

Kulturlandschaft als Visitenkarte
Die Antwort war schnell gefunden: Wir besitzen in bester Lage – am Südhang – einen 3 ha großen Ter-

Abb. 4: Sonnige Steilhänge mit Trockenmauern ...

Abb. 5: ... und einem atemberaubendem Blick ins Rhônetal.

Abb. 6: In dieser imposanten Amphore wird der Weißwein in der Erde vergraben, um dort zu reifen und sein unvergleichliches Bouquet zu entwickeln.

Administrative Hürden
Die Organisation des Rebberges unterliegt seit 2006 einer eigenständigen Aktiengesellschaft, der Domaine de Ravoire AG. Sie gehört je zur Hälfte Weinfreunden und der Albert Mathier & Söhne AG. Ein einmaliges Projekt in der Schweiz, bei dem die Aktionäre über die Rebstöcke, die Vinifikation, den Verkauf und zu guter Letzt über den Genuss ihrer eigenen Weine bestimmen.

Rebstöcke symbolisch zu verkaufen, das gibt es schon. Wieso lassen wir nicht all die Leute mit Ihrer Begeisterung für diesen Rebberg daran teilhaben und verkaufen Anteile, rsp. Aktien dieser Gesellschaft, rsp. dieses Rebberges. Nach zwei Jahren rechtlicher Abklärungen und der genauen Definition der Idee, begannen wir 2005 mit dem Verkauf der Aktien. Seit der Lancierung unserer Kunden-Aktiengesellschaft ist einiges passiert. Im Sommer 2006 haben wir Aktionäre für unsere Rebberg-Aktiengesellschaft in Leytron gesucht und auch viele Interessenten gefunden. Mittels der Hauszeitung „Rhoneblut" der Albert Mathier & Söhne AG haben wir vor Weihnachten einen zweiten Aufruf gemacht. Wir haben die Internetseite www.domainederavoire.ch aufgeschaltet und den letzten Schritt zur Instandstellung der gesamten Domäne in Angriff genommen.

Ziel dieser Öffnung ist es, eine multifunktionale Plattform für den Bereich Weinbau und Weinmarketing bereitzustellen. Diese Plattform ist gleichzeitig Marketingorganisation und Kundenbindungsprogramm. Für die neuen Aktionäre stellt sie eine Möglichkeit dar, sich intensiver mit dem Weinbusiness auseinanderzusetzen, Besitzer eines Rebberges zu werden und einen „eigenen Wein" zu erhalten.

Die Kulturlandschaft im Konflikt mit der Dienstleistungsgesellschaft
Bei der Domaine de Ravoire AG handelt es sich um eine bestehende Aktiengesellschaft, die stark mit der Albert Mathier & Söhne AG verbunden ist. Damit wir diese Gesellschaft in die Selbstständigkeit entlassen konnten, mussten wir noch einiges reorganisieren. Dies sollte theoretisch kein Problem darstellen, doch wollten Juristen und Beamte dabei auch noch ein Wort mitreden.

Ursprünglich hatten wir geplant, eine Aktienkapitalerhöhung durchzuführen. Mit dem Geld aus der Aktienkapitalerhöhung wollten wir den Umbruch der letzten Terrasse finanzieren. Dies stellte sich aber schon sehr schnell als großer Stolperstein heraus. Bei einer Aktienkapitalerhöhung müssen gemäß Schweizerischem Aktienrecht strenge Auflagen und Haftungsvorschriften erfüllt werden. Nicht dass wir diese Auflagen und Vorschriften nicht erfüllt hätten, aber der Gang durch die Juristerei hätte viel Zeit und noch mehr Geld gekostet.

Aber es gibt keine Probleme, die nicht gelöst werden können. Wir haben die Aktienkapitalerhöhung selber gemacht, das heißt, die Albert Mathier & Söhne AG hat das Geld für die Aktienkapitalerhöhung vorausbezahlt. Damit Sie nun Aktionär werden können, braucht nur mehr ein einfacher Kaufvertrag mit der Albert Mathier & Söhne AG abgeschlossen zu werden. Ein großes Problem war gelöst!

Jetzt noch die überflüssigen Rebbergparzellen verkaufen, damit die zukünftige Kunden-AG auf finanziell gesunden Füßen steht, die Bilanz und Erfolgsrechnung bereinigen, damit die zukünftigen Eigentümer wissen, wie es zahlenmäßig um ihren Rebberg steht und …

… leider waren wir wieder zu voreilig. Gemäß bäuerlichem Bodenrecht der Schweiz dürfen von einem landwirtschaftlichen Gewerbe keine Parzellen abgetrennt werden, auch wenn sich diese nicht in direkter Nachbarschaft der Hauptparzelle befinden. Ein erneuter Gang durch die Amtsstellen des Kantons begann. Wieder schien das ganze Projekt gefährdet, da wir mit dem Verkauf der überflüssigen Parzellen den Umbruch und die Neuanlage finanzieren wollten. Aber mit Haken und Ösen haben wir es geschafft, auch dieses Problem zu lösen und trotzdem mit dem bäuerlichen Bodenrecht im Einklang zu bleiben. Im Frühling 2007 durften dann die Aktionäre die Neupflanzung gemeinsam in Angriff nehmen und ihre eigenen Rebsetzlinge pflanzen.

Das Aktienkapital von 400.000 Schweizer Franken wurde in 800 Aktien à 500 CHF Nominalwert eingeteilt. 400 Aktien bleiben bei der Familie Albert Mathier – jemand soll die Entscheidungsgewalt haben. Die Gesellschaft wurde mit allen notwendigen Organen ausgestattet und verfügt über einen eigenen Verwaltungsrat und die Generalversammlung.

Die Organisation
Die beiden Haupttätigkeiten sind der Rebbau und der Verkauf der Weine. Die Verarbeitung der Trauben und die Vinifikation wurden an die Albert Mathier & Söhne AG ausgelagert. Die Rebarbeiten, die Trockensteinmauern und der Rebberg selbst werden vom Verwaltungsrat beaufsichtigt. Die Arbeiten werden von einem professionellen Rebbauern gemacht.

Heute – im Herbst 2012 – können wir auf ein solides Fundament zurückschauen. Zusammen mit dem Verwaltungsrat der Domaine de Ravoire AG haben wir die Strukturen gesetzt, Weingenießer an einem traditionellen Terrassen-Rebberg teilhaben zu lassen und Verantwortung für ein Stück Kulturlandschaft zu übernehmen. Abläufe und Organisation wurden geschaffen, damit die Zukunft vermehrt dem Genuss und der Schönheit dieser Landschaft gewidmet werden kann. Für den Aufbau der Strukturen hat sich der vierköpfige Verwaltungsrat sechsmal pro Jahr während der vergangenen sechs Jahre getroffen und diese Aufbauarbeit geleistet.

Heute geht die Domaine de Ravoire in eine neue Etappe; die Strukturen sind gesetzt, der Aufbau ist abgeschlossen.

Manöverkritik
Nach sechs Jahren des Aufbaus und der Organisation stellt sich die Frage, was hätte man besser, anders machen können?

Erdverbundenheit und Tradition versus Ökonomie
Der Gang durch die Administration, die rechtlichen Hürden: ein großer Aufwand, aber heute ist der Aktionär mit der Domaine de Ravoire AG „verheiratet". Er schaut zu, dass sich sein Rebberg und sein Wein in die richtige Richtung entwickeln. Er ist mit dieser Kulturlandschaft verbunden und steht rechtlich in der Pflicht, diesen Rebberg zu erhalten.

Von unserer Seite her haben wir den kulturlandschaftlichen und nostalgischen Aspekt dieser Rebberg-Aktie unterschätzt. Gibt es doch viele Aktionäre, die mit dieser Aktie ein Stück Heimat, ein Stück Tradition gekauft haben. Es geht in erster Linie nicht um den wirtschaftlichen Nutzen, es geht quasi um ein höheres Gut: Wir sind Teil dieses Kulturerbes.

Abb. 7: Keine Frage für Amédée Mathier: Landschaft kann man trinken!

Abb. 8: Der Blick über die Hänge des Weinbergs ins Tal der Walliser Alpen ist unbezahlbar.

Für die Domaine de Ravoire AG ein nicht ganz einfach zu lösendes Problem, da wir privatwirtschaftlich organisiert sind und das Überleben von der Wirtschaftlichkeit abhängig ist.

Haben wir dieses „höhere Gut" zu billig verkauft? Immer wieder, wenn ich in diesem Rebberg bin, die Natursteinmauern betrachte und fühle, auf die Silhouetten und Dörfer im Tal hinunterschaue, erkenne ich: Diese Momente sind nicht käuflich, man muss sie erleben.

Alle Abbildungen vom Autor.

Mit gutem Gewissen genießen – Wie unsere Ernährung die Erhaltung wertvoller Lebensräume fördert

Franz Höchtl

Zusammenfassung

Durch die Intensivierung von Gunststandorten und die zunehmende Verbrachung von Grenzertragslagen ist die Erhaltung wertvoller Lebensräume eine schwierige Aufgabe geworden. Indem wir uns bewusst für den Kauf von Lebens- und Genussmitteln aus nachhaltiger regionaler Erzeugung entscheiden, können wir jedoch einen positiven Einfluss auf ihre Entwicklung nehmen. Wenn wir wollen, dass traditionelle Kulturlandschaften erhalten bleiben, kommt es darauf an, die Nahrungsmittel, die in ihnen erzeugt werden, verstärkt nachzufragen und ein breites Bewusstsein für den Zusammenhang zwischen nachhaltigem Konsum und der Bewahrung von arten- und strukturreichen Landschaften zu schaffen.

Nachhaltiger Konsum und die Erhaltung traditioneller Kulturlandschaften

In vielen Bereichen des täglichen Konsums herrscht die „Geiz ist geil"-Mentalität. Es genügt ein Blick in die Werbeprospekte von Supermärkten und Discountern, um zu erkennen, wozu sie führt: zahlreiche Lebensmittel, seien es Obst und Gemüse, Käse und Fleisch, Saft und Wein, werden oft so billig angeboten, dass man kaum an ein lohnendes Geschäft glauben möchte. Landwirte spüren täglich die Konsequenzen dieser Realität. Sie beklagen den Preisverfall ihrer Erzeugnisse und protestieren dagegen, indem sie medienwirksam Milch in die Kanalisation kippen, Obst- und Gemüseladungen vernichten und mit ihren Traktoren Straßensperren errichten. Der ökonomische Druck, der auf ihnen lastet, zwingt sie zu hochrationeller Produktion. So werden Gunststandorte immer stärker genutzt, Grenzertragslagen jedoch mehr und mehr aufgegeben. Die Landschaften, die dadurch entstehen, kennen wir: hier die ausgeräumten, arten- und strukturarmen Nutzflächen agrarischer Intensivgebiete, dort die verlassenen, verbuschten oder aufgeforsteten Heiden, Wiesen, Weiden und Weinberge ertragsschwacher Lagen.

Glücklicherweise sind davon nicht alle Flächen betroffen. Noch gibt es Alternativen zu diesen Szenarien – nämlich Landschaften, die über Jahrhunderte gewachsen, traditionell bewirtschaftet und reich an Arten und Lebensräumen sind, an Formen, Farben, Düften und Tönen, die unsere Sinne ansprechen, so dass wir uns gerne darin aufhalten. Man denke an die im Spätsommer lila gefärbten Heiden Norddeutschlands (Abb. 1), die bunt blühenden, extensiv genutzten Wiesen und Weiden in den Mittelgebirgen (Abb. 2), an die im Frühjahr schneeweißen Streuobstbestände im Südwesten unseres Landes oder die mediterran anmutenden, von Trockenmauern durchzogenen Terrassenweinberge an Saale und Unstrut, Neckar und Rhein, Mosel und Main.

Wie es mit diesen Lebensräumen weitergeht, hängt von zahlreichen Faktoren ab. So etwa die Rahmenbedingungen und Entscheidungen der Landwirtschaftspolitik, die Entwicklungen auf den globalen Agrar- und Energiemärkten, den Wandel von Klima und Demographie.

Doch es gibt eine Stellschraube, an der wir drehen können. Durch die bewusste Entscheidung für den Kauf von Lebens- und Genussmitteln aus nachhaltiger, regionaler Erzeugung, das heißt, aus einer Produktion, die ökologische und soziale Belange ausreichend berücksichtigt, können wir Einfluss auf die Entwicklung von Landschaften nehmen. Wenn wir wollen, dass Streuobstbestände, Terrassenweinberge, Wacholderheiden, Bergwiesen, extensive Teich- und strukturreiche Ackerlandschaften erhalten bleiben, kommt es darauf an, die Produkte, die in ihnen erzeugt werden, nachzufragen. Deren Preis ist häufig vergleichsweise hoch. Er wird jedoch durch den Mehrwert kompensiert, der durch die Erhaltung von attraktiven, abwechslungs- und artenreichen Landschaften entsteht.

Welche dieser Räume können wir durch den Kauf von Produkten aus sozialer und ökologisch nachhaltiger Landwirtschaft fördern? Was sind die Werte und Qualitäten, die wir dadurch voranbringen? Die folgenden Beispiele sollen Antworten auf diese Fragen geben.

Abb. 1: Blühende Heidelandschaft bei Schneverdingen (Lüneburger Heide).

Abb. 2: Bunte Bergwiese mit Arnika im Südschwarzwald.

Extensive Weidewirtschaft mit Rindern und ihr Wert für den Naturschutz

Der Genuss von Rindfleisch aus extensiver Beweidung, d.h. aus einer Weidenutzung mit anspruchslosen Rinderrassen (z.B. Schottischen Hochland-, Galloway- oder Heckrindern) (Abb. 3), die sich in niederer Besatzstärke, bei geringem Einsatz von Arbeitszeit und Kapital und unter Verzicht auf eine zusätzliche Düngung überwiegend von der vorhandenen Vegetation ernähren, bringt neben positiven Aspekten für Natur und Landschaft vor allem Vorteile für unsere Gesundheit. So verbessert die Weidehaltung den ernährungsphysiologischen Wert des Fleisches erheblich, denn das Fleisch von Weiderindern enthält etwa die doppelte Menge an Omega-3-Fettsäuren verglichen mit dem von Artgenossen, die das ganze Jahr über aufgestallt waren und nur mit Maissilage und Getreide-Kraftfutter gefüttert wurden (RÜEGG 2006).

Darüber hinaus profitiert der Naturschutz von der extensiven Rinderhaltung (im Folgenden vgl. Kufner 2008). Durch das individuelle Verhaltensmuster der Tiere, durch die Wanderungen der Herde und ihr selektives Fressverhalten entsteht ein Mosaik aus verschiedenen Kleinstrukturen, zum Beispiel Bulte von überständigem Gras, daneben Lägerfluren, auf denen stickstoffbedürftige Pflanzen, sogenannte Weideunkräuter, wachsen (z.B. Brennnesseln, Disteln, Ampfer) oder Bereiche, die mit dornigen Gebüschen bestockt sind (Abb. 4). Sobald die Weidefläche umzäunt ist, können Vogelarten wie der Neuntöter oder das Braunkehlchen von der Störungsarmut profitieren. In den Saumstrukturen entlang des Weidezauns findet die Zauneidechse ein Habitat. Rohbodenkeimer wie der kleine Sauerampfer gedeihen an mageren Ruderalstandorten, die durch Viehtritt und entlang von Trampelpfaden der Huftiere entstehen. Besonnte Stellen, die von den Huftieren mit Vorliebe aufgesucht werden oder Stellen, an denen sie regelmäßig Staubbäder nehmen, bleiben oftmals frei von Vegetation.

Sie bieten Lebensraum für Spezialisten wie etwa Sandbienen oder seltene Heuschrecken, darunter die Blauflügelige Ödlandschrecke. In feuchtem Gelände, an Wasserstellen oder entlang von Uferstreifen entstehen durch den Viehtritt kleine wassergefüllte Vertiefungen, die potenzielle Laichhabitate für den Bergmolch oder die Kreuzkröte sind. Der Kot großer Pflanzenfresser bildet einen unverzichtbaren Bestandteil innerhalb der Nahrungskette. Bis zu 70 % der verdauten pflanzlichen Substanz wird später zu Insekten-Biomasse. Das schafft eine stabile Existenzgrundlage für Fledermäuse und bedrohte Vogelarten wie den Wiedehopf (KUFNER 2008).

Abb. 3: Schottisches Hochlandrind.

Abb. 4: Extensivweide bei Sankt Ulrich (Landkreis Breisgau-Hochschwarzwald).

Darüber hinaus hat das Dauergrasland durch seine Kapazität zur Wurzelbildung und durch seine enorme Fläche (40 % der globalen Landfläche sind davon bedeckt) ein sehr hohes Potenzial zu zusätzlicher CO_2-Speicherung im Boden. So entlastet jede Tonne zusätzlicher Humus im Boden die Atmosphäre um ca. 1,8 Tonnen CO_2 – ein Effekt, welcher der Anreicherung des klimawirksamen Kohlendioxids entgegenwirkt (IDEL 2010).

Die Leistungen von Streuobstwiesen in der Kulturlandschaft

Was für den Fleischkonsum und die Erhaltung von Weidelandschaften gilt, lässt sich auch auf Streuobstwiesen übertragen: durch die Entscheidung zum Kauf von Obst und Säften aus ihrer Nutzung leisten wir einen Beitrag zur Erhaltung dieser Kulturlandschaftselemente.

Da sie mehr oder weniger locker „über die Landschaft gestreut" erscheinen, hat sich für diese Form des Obstbaus im Unterschied zu den geschlossenen Blöcken moderner Niederstamm-Dichtpflanzungen die Bezeichnung „Streuobstbau" eingebürgert (WELLER 1996: 143). Die hochstämmigen Bäume tragen Äpfel, Birnen, Kirschen, Pflaumen, Walnüsse oder die Früchte des seltenen Speierlings. Ein Merkmal der Streuobstwiesen ist ihre extensive Bewirtschaftung, in der kaum Dünger und Pestizide eingesetzt werden. Von vielen Seiten, insbesondere von Vertretern des Naturschutzes und der Landschaftspflege, wird ihr Schutz seit Jahrzehnten gefordert, wobei nicht nur landschaftsästhetische, sondern auch landeskulturelle, ökologisch-biologische, psychische und sozialökonomische Gesichtspunkte angeführt werden (WELLER 1996: 145–148). Wenn es um die Leistungen dieser wertvollen Landschaftselemente für die Natur und Gesellschaft geht, kommt ihnen hinsichtlich der Sicherung von Agrobiodiversität, d.h. der Vielfalt von Nutztieren und -pflanzen und der dazugehörenden landschaftlichen Strukturen, eine besondere Bedeutung zu: „Jakob Lebel", „Gewürzluike", „Öhringer Blutstreifling", „Champagner Renette", „Nordhäuser Winterforelle" oder „Köstliche aus Charnneux" ... So unterschiedlich wie die Namen sind auch das Aussehen, der Geschmack, die Verwendungsmöglichkeiten oder die Resistenz gegen Schädlinge der alten Apfel- und Birnensorten. Auf Grund ihrer vielseitigen Erbanlagen stellen sie ein erhaltenswertes Genreservoir dar, wie es in dem auf wenige marktgängige Sorten spezialisierten Intensivobstbau nicht mehr besteht.

Darüber hinaus zeichnen sich Streuobstwiesen durch ihre bereichernde Wirkung auf das Land-

Abb. 5: Streuobstwiese am Fuß des Michaelsberges bei Cleebronn (Württemberg).

sich ein Kleinbiotop an das andere. Die verstreut stehenden Obstbäume bieten verschiedenen Vogelarten wie dem Steinkauz, dem Wendehals, dem Grün- und Buntspecht Unterschlupf. Im alten, knorrigen Obstbaumgehölz finden sich zudem Fledermäuse und Siebenschläfer, in den Rindenritzen nisten sich gerne Hornissen ein und am Boden leben zum Beispiel der Igel, die Blindschleiche, die Erdkröte und der Grasfrosch (WELLER 1996: 148–150).

Historische Weinberge als Monumente menschlicher Schaffenskraft

Wer kennt sie nicht, die monotonen Weinbaulandschaften, in denen kaum Platz für einen blumenbunten Rain, ein Gebüsch, eine Baumgruppe oder eine Trockenmauer ist? Fast alle Weinregionen spiegeln dieses Bild wider. Fragt man sich, wo die Billigweine in den Regalen unserer Discounter produziert werden, liegt die Antwort auf der Hand: sie stammen meist von solchen Flächen, denn nur auf ihnen lässt sich Wein so rationell erzeugen, dass die Flasche am Ende nicht mehr als drei Euro kostet.

schaftsbild aus (Abb. 5), sei es durch die Schönheit ihrer Blüte im Frühjahr oder das bunte Farbenspiel von Blättern und Früchten im Herbst – womit auch die Erholungswirkung, die von der Arbeit in den Wiesen, von Spaziergängen und sportlichen Aktivitäten ausgeht, eng verknüpft ist (vgl. WELLER 1996: 145).

Streuobstwiesen sind schließlich Hotspots der Biodiversität. Die Nährstoffknappheit durch die fehlende Düngung und die nur zwei Mal im Jahr stattfindende Mahd führt zu einem Nebeneinander zahlreicher Pflanzenarten. Je nach Bodentyp kommen unterschiedliche Pflanzengesellschaften vor. Typisch ist zum Beispiel die Glatthaferwiese. Dort wachsen neben dem Glatthafer auch das Wiesenlabkraut, der Wiesenstorchschnabel oder die Wiesenglockenblume. Die unterschiedlichen Pflanzenarten locken wiederum viele Tierarten an: Insekten, Amphibien, Reptilien und kleine Säugetiere. So reiht

Doch diese Betrachtung wäre für sich zu einseitig. Noch gibt es auch die andere Seite, nämlich die struktur- und artenreichen traditionellen Terrassenweinberge, die wir durch den Genuss ihrer Weine erhalten können. Was aber haben wir davon? – Sobald Lage, Boden, Klima, die Wahl der Rebsorten und die Kunst der Winzer stimmen, natürlich einen guten Wein. Letztlich geht es aber um mehr. Wir sichern dadurch ein kulturelles Erbe, bewahren Tradition, Ästhetik und Artenvielfalt, regionale Identität und Heimat.

Abb. 6: Klatschmohn im Weinberg.

täten und Produktkonkurrenz, Amateurhaftigkeit einerseits und beeindruckende Professionalität andererseits (Konold 2007: 276). Die Größe und Anordnung ihrer Parzellen erlauben Rückschlüsse auf historische Besitzverhältnisse, Erbteilungen sowie den sozialen Rang ihrer Eigentümer.

Schönheit und Eigenart historischer Terrassenweinberge sind das Ergebnis einer intensiven Nutzung der natürlichen Ressourcen. Handwerkliches Können, technisches Wissen und lange Erfahrung manifestieren sich an vielen Elementen und Eigenschaften. Sie reichen von den verschiedenen Methoden der Steinbearbeitung, des Terrassen-

Historische Steillagenweinberge sind gestaltete Landschaft in Perfektion. Wohlgeschichtete Trockenmauern stützen planvoll angelegte Hangterrassen. Darauf gedeihen nicht nur Reben, sondern ein breites Spektrum an Kultur- und Wildpflanzen, seien es Obstbäume, duftende Kräuter oder bunte Blumen (Abb. 6) – eine Jahrhunderte alte Polykultur in steiler Lage, die viele Menschen fasziniert (Höchtl et al. 2009: 24).

Für die mitteleuropäische Agrar- und Sozialgeschichte sind sie Primärquellen. Sie dokumentieren Expansionsbestrebungen, klägliche Anbauversuche an völlig ungeeigneten Orten, Rückschläge durch Kriegsereignisse, Schädlingskalami-

Abb. 7: Trockenmauerzüge im herbstlichen Licht (Roßwager Halde, Württemberg).

und Trockenmauerbaus (Abb. 7) über effiziente Verfahren der Rohstoffgewinnung und des -recyclings bis zum intelligenten Umgang mit den standörtlichen Voraussetzungen mit Strahlung und Klima, Hangneigung und Exposition, mit Wasser und Boden.

Aus der Liaison von Kultur und Natur entwickelte sich ein vielfältiges Nutzungssystem, in dem Reben, Kräuter, Obstgehölze, Gemüse- und Zierpflanzen nebeneinander angebaut werden. Dazu kommen die Komplementärpflanzen des Weinbaus, wie Kopfweiden, an deren Ruten man die Rebzweige befestigt(e), und Robinien, deren beständiges Holz optimale Rebpfähle lieferte.

Über ihre kultur-historischen und ästhetischen Qualitäten hinaus kommt den kleinflächig parzellierten, von Mauern gestützten Steillagen ein hoher naturschützerischer Wert zu. Die Vielfalt, Dichte und strukturelle Konnektivität ihrer Lebensräume suchen ihresgleichen. Von Steppenheide bekrönte Felsen, Steinriegel, Mauern, Rebstücke, Krautsäume, Staudenbrachen, feuchte Klingen, Quellaustritte sowie Gebüsche und trocken-warme Wälder sind Refugien für viele, oft seltene Tier- und Pflanzenarten mit mediterranem und kontinentalem Verbreitungsschwerpunkt, wie etwa für die Mauereidechse, die Gottesanbeterin, die Purpurorchis, den Doldigen Milchstern oder die Wilde Tulpe.

Zudem besitzen historische Terrassenweinberge eine wichtige Sozialfunktion. Sie sind die Erwerbsgrundlage von Winzergenerationen, ihr Arbeitsplatz und ihre Heimat, der Ort, an dem sich lokale Identifikation vollzieht, und schließlich Räume, in denen viele Erholungsuchende neue Kraft für die Herausforderungen des Alltags schöpfen.

Historische Teichgebiete und ihr Schutz durch extensive Nutzung

Karpfen im Bierteig, Hechtklößchen in Dillsauce, Mousse von der geräucherten Schleie: Fisch lässt sich auf vielfältige Weise zubereiten. Dass er kalorienarm, reich an hochwertigen Proteinen und Mineralstoffen und damit gesund ist, wissen wir. Angesichts der Berichte über die rücksichtslose Überfischung der Weltmeere kann durchaus die Frage nach der Vertretbarkeit des Verzehrs von Fisch aufkommen. Darf man ihn noch ruhigen Gewissens genießen? Man darf; besonders, wenn er aus nachhaltiger Binnenfischerei stammt, denn durch den Konsum von Fischen, die in unseren historisch gewachsenen Teichgebieten erzeugt werden, unterstützen wir ihren Fortbestand.

Zahlreiche der heute noch existierenden Teiche, deren Verbreitungsschwerpunkte in der Oberlausitz, der Oberpfalz und in Franken liegen, waren bereits im Mittelalter durch geistliche und weltliche Grundherren angelegt worden. Ihren Höhepunkt erreichte die Teichwirtschaft im 14. und 15. Jahrhundert. Besonders Karpfen waren in dieser Zeit eine Delikatesse. Ihr Wert lag weit über dem von Fleisch. In den folgenden Jahrhunderten erlebte die Teichwirtschaft einen schleichenden Niedergang. Erst gegen Ende des 19. Jahrhunderts setzte eine wirtschaftliche Erholung ein.

Inzwischen befindet sie sich jedoch in einer prekären marktwirtschaftlichen Situation. Viele Teichwirtschaften stehen entweder vor dem Ruin oder unter dem Zwang zu rigoroser Produktionssteigerung. Bräche die traditionelle Teichwirtschaft zusammen, gingen Biotope von unschätzbarem Wert verloren.

Für den Erhalt der Biodiversität spielen diese Lebensräume eine herausragende Rolle (vgl. SCHULTE 1999). In Abhängigkeit vom Standort und der Nutzungsintensität entwickelten sich insbesondere die Karpfenzuchtgebiete zu besonders hochwertigen Lebensraumkomplexen. Zahlreiche Tier- und Pflanzenarten, die ihre Habitate durch Flussregulierungen verloren hatten, fanden in den künstlich geschaffenen Fischteichen Ersatzlebensräume (Abb. 8).

Die herausragende ökologische Bedeutung der Karpfenteichgebiete erklärt sich in erster Linie aus ihrer strukturellen Vielgestaltigkeit. Selbst innerhalb eines zusammenhängenden Teichgebiets unterscheiden sich die Teiche in Morphologie, Entwicklungszustand oder Produktivität. Gleiches gilt für die Bewirtschaftung. Einzelne Teiche dienen ausschließlich als Laichgewässer, andere zur Anzucht der Jungfische, wiederum andere zum Abwachsen der Speisefische (SCHULTE 1999). Im Zuge der Beseitigung der meisten primären Feuchtgebiete übernehmen sie für eine Vielzahl von Tieren und Pflanzen, aber auch für ganze Pflanzengesellschaften entscheidende Funktionen als Sekundärlebensräume (FRANKE 1988: 152). Zu den Wirbeltieren, die von der traditionellen Teichwirtschaft profitieren, zählen der Fischotter, der See- und Fischadler, die Sumpfschildkröte, der Moorfrosch, der Kammmolch sowie eine Vielzahl teilweise stark gefährdeter Fischarten wie das Moderlieschen, der Schlammpeitzger und der Gründling. Für die Entwicklung der Flora sind die Verlandungszonen bedeutsam. Sie werden zum Beispiel von der See- und der Teichrose, dem Fieberklee, dem Froschlöffel, der Schwanenblume oder der gelben Schwertlilie besiedelt.

Extensiv genutzte Teichlandschaften sind für alle faszinierend, die das Konzert der Laubfrösche oder den Gesang des Blaukehlchens lieber in freier Natur statt im Fernsehen erleben möchten. Vor allem sind sie jedoch ein Anschauungsobjekt für die Erhaltung wertvoller Lebensräume durch bewussten Konsum im Sinne eines „Schützens durch Nützen".

Abb. 8: Im Herbst abgelassener Teich bei Gut Sunder (Meißendorfer Teiche, Niedersachsen).

Fazit

Wie die Beispiele zeigten, gibt es in Deutschland eine nicht geringe Zahl traditioneller Landschaften, deren Fortbestand wesentlich von der erfolgreichen Vermarktung der Produkte abhängt, die in ihnen erzeugt werden. Die Qualitäten der Räume, die uns umgeben, werden von unseren Ess- und Trinkgewohnheiten beeinflusst. Wenn wir artenreiche Habitate, geschichtsträchtige, attraktive Landschaften und damit Gegenden, in denen wir uns wohlfühlen, erhalten und voranbringen wollen, sollten wir die Lebens- und Genussmittel kaufen, die in ihnen produziert werden und ein Bewusstsein über die (Mehr-)werte entwickeln, die damit einhergehen. Da die Entwicklung der Kulturlandschaft eine Zukunftsaufgabe ist, gilt es, diese Zusammenhänge im Rahmen einer Bildung für nachhaltige Entwicklung ansprechend zu vermitteln, sei es in Kindergärten und Schulen, sei es im Kontext der außerschulischen Bildungsarbeit sowie in der Erwachsenenbildung.

Alle Abbildungen vom Autor.

Literatur

Franke, T. (1988): Die Bedeutung von extensiv genutzten Teichen für die Pflanzenwelt – am Beispiel des fränkischen Teichgebietes. – In: Schriftenreihe des Bayerischen Landesamtes für Umweltschutz 84, S. 143–153.

Höchtl, F. et al. (2009): Stein und Wein I: Erhaltung und Entwicklung historischer Terrassenweinberg. – In: Stadt + Grün 9, S. 23–28.

Idel, A. (2010): Eine Kuh ist kein Auto. Warum Kühe keine Klima-Killer sind. http://www.bund.net/themen_und_projekte/landwirtschaft/klimaschutz/eine_kuh_ist_kein_auto/. 2013-02-05.

Konold, W. (2007): Die Schönheit und Eigenart der Weinbaulandschaft: der Hohenasperg als Vorbild oder als Sündenfall? – In: Schwäbische Heimat, 3, S. 276–283.

Kufner, D. (2008): Beweidung und Biodiversität. Ecotopics – Agentur für Naturschutz. http://www.ecotopics.de/ecopics/B%26B_web.pdf. 2013-02-01.

Rüegg, P. (2006): Freie Rinder, zartes Fleisch. ETH life. Die tägliche Web-Zeitung der ETH. http://archiv.ethlife.ethz.ch/articles/tages/html_print_style/fleischvonweide.html. 2013-01-28.

Schulte, R. (1999): Teichwirtschaften – Sahnestücke des internationalen Arten- und Biotopschutzes. http://www.nabu-akademie.de/berichte/99teiche.htm. 2013-02-06.

Weller, F. (1996): Streuobstwiesen: Herkunft, heutige Bedeutung und Möglichkeiten der Erhaltung. – In: Konold, W. (Hrsg.): Naturlandschaft, Kulturlandschaft. Die Veränderung der Landschaften nach der Nutzbarmachung durch den Menschen, S. 143–160. – Landsberg.

Lernort Bauernhof – Ein Partner für das Erleben von Kulturlandschaft und regionaler Esskultur

Hubert Koll

Der außerschulische Lernort Bauernhof hat längst sein Nischen-Dasein verlassen. Mehrere hundert landwirtschaftliche Betriebe und Schulbauernhöfe begrüßen regelmäßig Schulklassen und Kindergartengruppen. Die Vielfalt der Angebote ist dabei groß. Von wenigen Hoferkundungen im Jahr über regelmäßige Gruppenangebote bis zu mehrtägigen Aufenthalten und Jahreskursen reicht die Palette unterschiedlichster Aktivitäten, die Betriebe anbieten. Alle diese Angebote ermöglichen landwirtschaftliche Erfahrungen. Sie sensibilisieren die Besucher für die natürlichen Zusammenhänge, die unsere Lebensgrundlage darstellen. So erleben Kinder und Jugendliche die Faszination der Landwirtschaft sowie das vielfältige Berufsbild der Bäuerinnen und Bauern.

Über das Erleben dieser Inhalte hinaus kommt der Landwirtschaft eine gesamtgesellschaftliche Bedeutung als Lern-Ort und Lebens-Schule zu: Hier kann man üben, im Team zu arbeiten, Verantwortung zu übernehmen, Entscheidungen zu treffen und bewusst zu handeln. Dies vermittelt Ideen und Erfahrungen für eine bewusste Lebensgestaltung – das ist Bildung für Nachhaltige Entwicklung (BNE).

Landwirtschaft früher – heute

Die Selbstversorgung mit Grundnahrungsmitteln aus der eigenen kleinen Landwirtschaft war bis in die Mitte des vergangenen Jahrhunderts in Deutschland noch weit verbreitet. Viele Kinder erfuhren so, wie wichtig es ist, für die eigene Familie rechtzeitig vorzusorgen. Dazu gehörte, im Frühjahr zu säen und zu pflanzen, die heranwachsenden Pflanzen im Sommer zu pflegen und im Herbst für den Winter zu ernten. Ernährungsbewusstsein und -verhalten waren geprägt von dem, was der eigene Garten und Acker im Laufe des Jahres lieferten und was für die kalte Jahreszeit eingelagert werden konnte. Weintrauben oder Erdbeeren im Winter waren unbekannt.

Zugleich erlebten die Kinder, dass ohne zeitlichen Aufwand, Arbeitskraft, eigenen Einsatz und Verantwortungsbewusstsein kein ausreichender Ertrag zu erwarten war. Jedes Familienmitglied hatte seinen Beitrag zu leisten, ohne dass damals der Begriffsinhalt von „Nachhaltigkeit" mit seinen heute für wichtig gehaltenen drei Dimensionen „Ökonomie", „Ökologie" und „Soziales" bewusst gewesen wäre.

Inzwischen ist die Zahl der landwirtschaftlichen Betriebe sehr stark zurückgegangen. Knapp 300.000 Höfe gibt es noch in Deutschland, und der strukturelle Wandel wird weitergehen. Auf eigene Erfahrungen im Umgang mit Nutztieren und -pflanzen und der Herkunft der Lebensmittel können nur noch wenige Menschen zurückgreifen. Und ihre Zahl wird stetig kleiner. Für viele Menschen spielt dies auch keine Rolle. So wie der Strom aus der Steckdose und das Wasser aus dem Wasserhahn kommen, so ste-

Abb. 1: Von der Blüte zum Honig – Schülerinnen erleben die Produktion von Honig. Foto: H. Koll

reitschaft der Menschen, sich für eine nachhaltige Entwicklung einzusetzen. Unter „nachhaltiger Entwicklung" wird dabei ein Prozess verstanden, der „die Bedürfnisse der Gegenwart befriedigt, ohne zu riskieren, dass künftige Generationen ihre (eigenen) Bedürfnisse nicht befriedigen können" (Brundtland-Report 1987).

Was bietet der Lernort Bauernhof?

Auf Bauernhöfen ist es möglich, dass Kinder und Jugendliche den nachhaltigen Umgang mit Pflanzen und Tieren selbst erfahren und sie daraus prägende Erkenntnisse für ihr eigenes weiteres Leben ableiten. Selbstverständlich eignet sich nicht jeder Betrieb problemlos für dieses Unterfangen. Gerade auf modernen Vollerwerbsbetrieben, die hoch mechanisierte und rationalisierte Arbeitsabläufe aufweisen und nur wenige Pflanzenarten anbauen bzw. Tierarten halten, müssen sinnvolle Handlungs- und Mitmach-Angebote für Schülerinnen und Schüler zum Teil erst geschaffen werden. Doch auch hier gibt es viele Möglichkeiten, die sich oft sehr einfach umsetzen lassen. Wenige Quadratmeter Kartoffel- oder Getreidefeld, die von den Kindern und Jugendlichen mit der Hand geerntet werden können, veranschaulichen zum Beispiel gut die Arbeitserleichterungen der modernen Landtechnik und bieten eine schöne Möglichkeit, im Kleinen das nachzuvollziehen, was in den großen Maschinen nicht mehr sichtbar ist. Gerade für ältere Schülerinnen und Schüler ist dies eine gute Gelegenheit, sich mit der modernen Landwirtschaft auseinander zu setzen.

Einfacher ist die Mitarbeit der Besucherinnen und Besucher auf Schulbauernhöfen. Hier sind die

hen unsere Lebensmittel im Bewusstsein der Verbraucher kontinuierlich in den Regalen der Supermärkte. Zwischen der jahreszeitlich ausgerichteten Erzeugung von Nahrungsmitteln auf den Äckern und in den Ställen und den täglich mehrfachen Mahlzeiten besteht für viele Menschen keine Verbindung mehr. Das Wissen, dass Kraft und Zeit nötig ist, bevor man ernten und genießen kann, wird jungen Menschen zwar theoretisch vermittelt. Dieses Wissen bleibt jedoch nur oberflächlich haften, solange es nicht durch eigene Erfahrungen lebendig und nachhaltig verankert wird.

Daraus ergibt sich eine gesamtgesellschaftliche Herausforderung. Dieser zunehmenden Entfremdung der Kinder und Jugendlichen von den zentralen Lebensgrundlagen wie Boden und Wasser, biologischer Vielfalt und einer gesunden Ernährung muss in unserem Bildungssystem verstärkt entgegengewirkt werden. Letztlich geht es um die, auch angesichts des drohenden Klimawandels, immer wichtigere Be-

Arbeitsabläufe speziell auf die pädagogische Arbeit mit Kindern und Jugendlichen abgestimmt. Viele Arbeitsgänge werden hier absichtlich, mit pädagogischem Hintergrund, per Hand durchgeführt – ohne dabei das Loblied auf längst vergangene Zeiten zu singen. Vielmehr er-arbeiten sich, im wahrsten Sinne des Wortes, die Schülerinnen und Schüler so die Wertschätzung für unsere Lebensmittel oder üben sich in Teamarbeit.

Im Einzelnen können und sollen beim Lernen auf dem Bauernhof durch entsprechende Methoden folgende Ziele verfolgt bzw. Inhalte vermittelt werden:

Wissen aneignen

Schülerinnen und Schüler sollen Grundlagenwissen über natürliche Zusammenhänge und das Denken in Kreisläufen ebenso erfahren wie über saisonale und regionale Erzeugung und Herkunft von Lebensmitteln. Sie sollen die Anbau- und Bewirtschaftungsformen und ihre Bedeutung für eine vielfältige Kulturlandschaft kennenlernen. Ebenso sollen sie Alternativen für gesundheitsbewusste und umweltorientierte Ernährungsweisen erkennen und bewerten können und daraus Einsichten in globale Herausforderungen und Konsequenzen für lokales Handeln ableiten können.

Kompetenzen erwerben

Die Kinder und Jugendlichen sollen Gelegenheit zu praktischem, konkretem Handeln („Lernen durch Tun") erhalten. Sie sollen sich mit Widersprüchen und Zwängen bei der Verwirklichung von ökonomischen, ökologischen und sozialen Zielen einer nachhaltigen Entwicklung auseinander setzen. Durch die Übernahme von Mitverantwortung sollen sie das eigene Verantwortungsbewusstsein stärken. Die dabei erfahrenen Erfolgserlebnisse sollen sich positiv auf ihr Engagement auswirken. Die Interessenartikulation und -findung können ihnen Impulse im Hinblick auf die berufliche Orientierung geben. Diese neuen Erkenntnisse und Erfahrungen sollen die Kinder und Jugendlichen vom Bauernhof mit nach Hause nehmen und auf das eigene Lebensumfeld übertragen.

Der Bauernhof will dabei keine Konkurrenz zu den Lernorten Kindergarten und Schule sein. Vielmehr soll er ergänzenden Charakter haben, indem er als Lernort Bauernhof integraler Teil des formalen Bildungssystems ist. Die Anbieter eines Lernorts Bauernhof sollen verbindlichen Lehrplänen entnehmen können, was an Dienstleistungen von ihnen erwartet wird. Wer diese Dienstleistungen nachfragt, soll sich darauf verlassen können, dass dem Anforderungsprofil qualitätsbewusst entsprochen wird. Diese qualifizierten Leistungen landwirtschaftlicher Betriebe als außerschulischer Lernort können nicht

Abb. 2: Vom Schaf zur Wolle – ein Schaf wird geschoren. Foto: G. Hein

kostenlos sein. Sie bedürfen einer motivierenden, finanziellen Honorierung, da ansonsten die Angebote nicht regelmäßig und zuverlässig erbracht werden können.

Regionale und bundesweite Akteure

Dreh- und Angelpunkt sind regionale Koordinationsstellen, die zwischen den nachfragenden Bildungseinrichtungen und anbietenden landwirtschaftlichen Betrieben Kontakte herstellen und vermitteln. So können sie einerseits die Lehrpersonen bei der Organisation und bei der Durchführung eines erfahrungs- und erlebnisorientierten Lernens unterstützen, andererseits sollen sie den Höfen bei der qualitativen Weiterentwicklung ihrer Angebote und beim Marketing behilflich sein. Dieses Marketing wird umso erfolgreicher sein, je transparenter und glaubwürdiger nachgewiesen werden kann, dass der Erwerb von Schlüsselkompetenzen auf Bauernhöfen im Rahmen qualifizierter Hofangebote gelingt.

Bundesweit nehmen für die Verwirklichung der genannten wichtigen gesellschaftlichen Ziele in Deutschland zwei Einrichtungen eine tragende Rolle ein. Die Bundesarbeitsgemeinschaft Lernort Bauernhof e.V. ist ein Zusammenschluss überwiegend pädagogisch arbeitender Projekte und Institutionen, die das Ziel verfolgen, den landwirtschaftlichen Alltag und die Entstehung und Verarbeitung von Lebensmitteln für Kinder, Jugendliche und Multiplikatoren erlebbar zu machen. Im Bundesforum „Lernort Bauernhof" kommen neben der Bundesarbeitsgemeinschaft Lernort Bauernhof e.V. viele weitere Institutionen von der Bundes- bis zur Regionalebene zusammen. Das Forum hat sich im Sinne eines die Ländergrenzen und damit Bildungszuständigkeiten übergreifenden Runden Tisches folgende Aufgaben gegeben:

- *Lernen auf dem Bauernhof* ist in Lehrplänen und Schulprogrammen voran zu bringen und zu verankern
- bundesweit sind Fortbildungsmaßnahmen für Lehrpersonen und landwirtschaftliche Familien zu koordinieren und mit den Landesstellen inhaltlich zu strukturieren
- Qualitätsstandards sind untereinander abzustimmen
- Begleitmaterial, Leitfäden für den Unterricht usw. sind so aufzubereiten, dass Vielfalt und Übersichtlichkeit gewahrt sind
- regionale Vermittlungs- und Koordinationsstellen sind organisatorisch und fachlich zu unterstützen.

Entscheidend für den Erfolg des Lernortes Bauernhof ist und bleibt das starke Engagement der Akteu-

Abb. 3: Von der Kuh bis zum Kühlschrank – Woher kommt unsere Milch?
Foto: H. Koll

re vor Ort, um *Lernen auf dem Bauernhof* als Konzept für Bildung für Nachhaltige Entwicklung umzusetzen.

Themen rund um die Herkunft der Lebensmittel überwiegen
So vielfältig wie die landwirtschaftlichen Betriebe, die sich für den Lernort Bauernhof engagieren, so vielfältig sind auch die Themen, die angeboten werden. Natürlich bestimmen die Tiere, die auf dem Hof leben, und die Pflanzen, die auf den Feldern wachsen, das Angebotsspektrum. Aber auch die Altersgruppe der Schülerinnen und Schüler, die Vorlieben der Landwirtin bzw. des Landwirts, die räumlichen und baulichen Möglichkeiten des Hofes oder die zur Verfügung stehende Zeit spielen eine wichtige Rolle.

Oft steht die Herkunft der Lebensmittel, die die Kinder und Jugendlichen von zuhause kennen, im Fokus. Beliebte Themen sind zum Beispiel „Vom Korn zum Brot", „Die Kartoffel – eine tolle Knolle", „Von der Kuh bis zum Kühlschrank", „Vom Schwein zum Schnitzel", „Von der Rübe zum Zucker", „Von der Blüte zum Honig" oder „Hühner und Eier". Aber auch globalere Themen, „Den Bauernhof entdecken", „Die Tiere auf dem Bauernhof erleben" oder „Maschinen und Technik auf dem Bauernhof" werden häufig angeboten.

Während viele landwirtschaftliche Betriebe oft nur wenige Themen anbieten und im Schwerpunkt das vermitteln, was auf dem Hof erzeugt wird, gehen in Schulbauernhöfen die Themen weiter. Aspekte wie „Energie vom Bauernhof", „Nachwachsende Rohstoffe", „Verarbeitung von Wolle und Flachs", „Bauernwald", „alte Handwerkstechniken", „Landwirtschaft und Klimawandel" oder „Landwirtschaft

Abb. 4: Landwirtschaft und Landschaft. Foto: H. Koll

und Landschaft" werden hier gerne aufgegriffen. Oft sind diese Themen jedoch inhaltlich oder methodisch schwieriger zu vermitteln und bedürfen einer intensiveren Vorbereitung – sowohl der Schülerinnen und Schüler als auch der Landwirtin bzw. des Landwirts. Daher werden diese Inhalte häufig zusammen mit anderen Einrichtungen, wie regionalen Umweltzentren, Hochschulen oder externen pädagogischen Mitarbeitern, erstellt und durchgeführt.

Welche Aspekte im Hinblick auf Kulturlandschaft und regionale Esskultur können auf dem Lernort Bauernhof vermittelt werden?
Viele der oben angesprochenen Themen, die sich mit der Herkunft der Lebensmittel beschäftigen, sind sehr eng mit Aspekten der Kulturlandschaft und regionalen Esskultur verknüpft. Oft bedarf es nur eines kleinen Blickes über die Hofstelle hinaus, um auch diese Gesichtspunkte mit in das Programm beim Besuch einer Schulklasse mit einzubinden.

Denn die naturräumlichen Gegebenheiten, die für die Regionen typischen landwirtschaftlichen

Abb. 5: Alte Obstbaumreihe am Flurweg.   Foto: G. Hein

Wirtschaftsweisen, historische Gegebenheiten, die angebauten Pflanzenarten und die gehaltenen Tiere prägen die Kulturlandschaft, die die Höfe umgibt. Diese Zusammenhänge sind vielen Schülerinnen und Schüler nicht bewusst, können jedoch leicht thematisiert werden, indem diese Landschaftselemente aktiv angesprochen werden. Ein typisches Beispiel dafür sind Streuobstwiesen. An ihnen lässt sich der Zusammenhang zwischen Historie, Bewirtschaftung durch die Landwirtschaft, den erzeugten Produkten und dem Konsumverhalten der Verbraucher deutlich darstellen. Auch Wacholder- oder Ginsterheiden, alte Obstbaumreihen oder terrassierte Weinberge können hier als anschauliche Beispiele dienen.

Ebenso kann der Aspekt der unterschiedlichen Flächennutzungen thematisiert werden. Die Kinder und Jugendlichen können anhand verschiedener Kriterien, wie Bodengüte und -art, Wasserhaltevermögen, Neigung oder Exposition erarbeiten, weshalb manche Flächen als Ackerland genutzt werden, während andere als Grünland oder Wald bewirtschaftet werden. Auch das Vorkommen von Feldgehölzen, Einzelbäumen, Hecken- und Baumreihen in der Agrarlandschaft sind selten Zufallsprodukte. Ihre Ursprünge können die Schülerinnen und Schüler erforschen und kennenlernen und so ein vertieftes Verständnis unserer Kulturlandschaft erlangen. Historische Flurkarten können als Anregung dazu dienen, die aktuelle Flächennutzung mit der ehemaligen Bewirtschaftung zu vergleichen. Schnell erkennen die Schülerinnen und Schüler, dass sich neben der Nutzungsart zum Beispiel auch die Schlaggrößen verändert haben. Sie können hinterfragen, weshalb ehemaliges Grünland zu Ackerland umgebrochen wurde oder Schläge mit Bäumen bepflanzt wurden.

Viele weitere Beispiele für Landschaftselemente lassen sich hier aufzählen: die Reste von Stufenrainen, Alleen, Kopfweidenreihen, Gewässer wie Teiche und Weiher, Hohlwege in Lössgebieten sollen hier exemplarisch genannt werden.

Anknüpfungspunkte zum schulischen Unterricht

Die Anknüpfungspunkte zum Unterricht und den Lehrplänen sind zahlreich. In nahezu allen Grundschul-Curricula werden im Fach „Sachunterricht" der Heimatraum sowie die Herkunft der Lebensmittel thematisiert. Dabei sollen die Kinder die eigene Stadt und Region mit ihren Besonderheiten kennenlernen und erkunden. Nicht nur in ländlichen Gebieten lassen sich hier Verbindungen zu Kulturlandschaft und regionaler Esskultur herstellen. Auch rund um Verdichtungsräume finden sich Gegenden, in welchen sich landwirtschaftliche Betriebe zum Beispiel auf den Anbau von Obst, Gemüse und Sonderkulturen zur Versorgung der städtischen Bevölkerung spezialisiert haben. In weiterführenden Schulen lassen sich Themen wie „Landwirtschaft – früher und heute" oder der Vergleich der Heimatregion mit anderen Gegenden Deutschlands in vielen Lehrplänen für das Fach Geografie finden. Die Verknüpfung zu Tieren und Pflanzen, die in besonderen regionalen Landschaftsformen leben, lassen sich hervorragend im Fach Biologie behandeln und mit einer Exkursion kombinieren.

Im Rahmen der Bildung für Nachhaltige Entwicklung (BNE) rücken außerschulische Lernorte in den Fokus. Viele Curricula oder schulinterne Leitbilder fordern und fördern die Zusammenarbeit mit landwirtschaftlichen Betrieben, Heimat- oder Freilichtmuseen, Heimatvereinen, Umweltschutzverbänden oder Einrichtungen der Kultur- und Denkmalpflege.

Wie kann die Zusammenarbeit ausgebaut werden?

Obwohl die Voraussetzungen sowohl bei Schulen als auch bei landwirtschaftlichen Betrieben grundsätzlich gegeben sind, werden Themen zur Kulturlandschaft oder zur regionalen Esskultur in dieser Kombination bislang selten thematisiert. Dabei wäre gerade die Kombination zwischen Landwirtschaft, Heimat- und Kultureinrichtungen sowie Schulen für alle Seiten gewinnbringend. Für das geringe Angebot mag es drei Kerngründe geben:

Bewusstseinsbildung

Obwohl die Themen Kulturlandschaft und regionale Esskultur sehr eng mit der landwirtschaftlichen Produktion und der Herkunft der Lebensmittel verbunden sind, so fehlt manchmal sowohl bei Lehrkräften als auch bei Landwirtinnen und Landwirten dieser letzte Schritt, diese mit bereits behandelten landwirtschaftlichen Themen zu verknüpfen. Hier muss das Bewusstsein dafür erst geschaffen werden. Eine Möglichkeit hierfür wäre es, bestehende und bereits durchgeführte Beispiele aufzuzeigen.

Fehlende didaktische Materialien für Lehrkräfte

Obwohl viele Informationsmaterialien und Broschüren auf allen Ebenen vorhanden sind, so mangelt es den Lehrkräften an didaktisch aufbereiteten Medien, die ohne große Vorbereitung möglichst direkt im Unterricht eingesetzt werden können. Gerade Kopiervorlagen, ausgearbeitete Angebote zum Stationenlernen, Poster oder Filme, die mit entsprechenden Arbeitsblättern unterstützt werden, werden hier sehr gerne angenommen. Wie Erfahrungen aus anderen Themenbereichen zeigen, erhöhen diese Medien die Bereitschaft bei Lehrkräften, neue Inhalte im Unterricht aufzugreifen. Leitfäden, die Lehrerinnen und Lehrer bei der Vorbereitung und Durchführung der Erkundung eines außerschulischen Lernortes unterstützen, stellen hier ebenfalls wertvolle Hilfsmittel dar.

Fehlende Konzepte und Materialien für landwirtschaftliche Betriebe

Viele Landwirtinnen und Landwirte, die ihren Hof aktiv bewirtschaften, haben pro Jahr oft nur wenige Schulklassen zu Besuch. Daher stützen sie sich bei den angebotenen Themen in erster Linie auf die Tiere oder Pflanzen, die sie selbst auf dem Hof halten oder anbauen. Dabei greifen sie bei der Vorbereitung und Gestaltung des Angebotes auf ihre praktischen Erfahrungen und auf vorhandenes Material zurück, das landwirtschaftliche Verbände oder Verlage zur Verfügung stellen. Oft fehlt ihnen jedoch für weiter reichende Themen passend aufbereitetes Material, oder es mangelt an personeller Unterstützung, um neue Aspekte für eine Hoferkundung aufzugreifen oder dazu eigenständige Medien selbst zu erarbeiten.

Hier gilt es, sowohl Lehrkräfte als auch Landwirtinnen und Landwirte aktiv zu unterstützen. ■

Umsetzung der Tagung „Ernährungskultur und Kulturlandschaft" im Rahmen einer Koch-AG

Patrik Blumenthal

Themenbereich: Regionale und saisonale Lebensmittel

Ich heiße Patrik Blumenthal, bin 19 Jahre alt und besuche das technische Gymnasium in Rheine mit dem Schwerpunkt Ernährungswissenschaft. Ich entschied mich für diese Richtung, da ich mich seit vielen Jahren mit dem Thema Ernährung beschäftige und es sehr spannend finde. Neben dem Sport ist das Kochen eine meiner größten Leidenschaften, wobei ich möglichst versuche, Lebensmittel der Saison und der Region zu verwenden. Eine große Hilfe dabei ist unser Garten, in dem es viele verschiedene Sorten an Obst, Gemüse und Kräutern gibt. Außerdem kauft meine Familie regelmäßig im Bioladen ein.

Im Oktober 2012 nahm ich an der Tagung zum Thema „Ernährungskultur und Kulturlandschaft" teil, bei der unter anderem die Vorteile der regionalen und saisonalen Kost vorgestellt wurden. Dies fand ich besonders interessant, und ich habe mich gefragt, wie ich dieses Wissen weitergeben könnte. Seit einigen Monaten leite ich die Koch-AG an einem Gymnasium in meiner Heimatstadt Rheine. Dafür suche ich passende Rezepte heraus, kaufe die Lebensmittel ein und bringe sie zur Schule. Die Schülerinnen und Schüler kochen fast selbstständig, ich gebe ihnen nur ab und zu einen Tipp und unterstütze sie bei kniffligen Aufgaben. Das gemeinsame Kochen und Essen bereitet den Kindern viel Freude, und sie bereiten sogar die gelernten Gerichte zuhause zu.

Bei uns in Rheine gibt es einen Bio-Supermarkt sowie einen Biobauern, der in einem kleinen Hofladen sein angebautes Obst und Gemüse verkauft, aber auch Fleisch aus eigener Zucht. Zudem bietet er ein Sortiment von Bio-Lebensmitteln, welches von Käse über Getränke bis hin zu Getreideprodukten reicht. Zum einen habe ich mir

Abb. 1: In der Schulklasse wird das Essen selbst zubereitet.

überlegt, dort den Großteil der Lebensmittel für die Koch-AG einzukaufen, denn das Sortiment hält vor, was ich benötige und die Preise sind nicht wesentlich teurer als im Supermarkt. Des Weiteren sind die Produkte gesünder, da beispielsweise kein Kunstdünger verwendet wird und keine Pestizide zum Einsatz kommen. Zum anderem könnte ich eine Exkursion zum Biohof mit den SchülerInnen veranstalten. Dadurch lernen sie am besten, welche Waren es zu welcher Jahreszeit gibt, beispielsweise Kürbisse und Äpfel im Herbst, jedoch keine Erdbeeren. Eine herbstliche Kochidee wäre zum Beispiel eine Kürbiscremesuppe und Apfelmuffins, die Zutaten dafür könnte ich alle im Hofladen kaufen oder die SchülerInnen animieren, sie aus dem eigenen Garten mitzubringen.

Denn nicht nur vom Biobauern können wir regionale Lebensmittel bekommen, sondern auch aus dem eigenen Anbau. Im Schulgarten könnten wir ebenfalls pflegeleichtes Gemüse anbauen, beispielsweise Bohnen, Zucchini oder Salat. Dieses Projekt würde den Kindern viel Spaß bereiten und sie hätten Freude, ihr eigenes Gemüse zu verspeisen.

Abb. 2: Ein buntes Buffet mit leckeren und gesunden Zutaten.

Abb. 3: Das gemeinsame Essen kann direkt im Klassenraum stattfinden.

Das sind einige Ideen, um die Ratschläge der Tagung in die Praxis umzusetzen. Durch das neue Konzept der Koch-AG lernen die Schülerinnen und Schüler, warum es wichtig ist, regionale und saisonale Produkte auszuwählen. Ihnen wird durch den Besuch beim Biobauern transparent gemacht, wie gesunde Lebensmittel angebaut und vermarktet werden. Im Vergleich hierzu sehen sie im Supermarkt meist nur Fertigprodukte oder Frischwaren aus der Massenproduktion. Die Erfahrungen, die ich auf der Tagung gesammelt habe, ermutigen mich bei der Umsetzung meiner Ideen.

Alle Abbildungen vom Autor.

Ernährungskultur und Kulturlandschaft nachhaltig gestalten – Reflexionen aus der Perspektive *Vorsorgenden Wirtschaftens*

Tanja Mölders

„Das Ökonomische wird in einer nachhaltigen Gesellschaft nicht mehr das sein (können), was es noch ist." (BIESECKER & HOFMEISTER 2006: 169)

Kurze Zusammenfassung

In diesem Beitrag geht es um die Verbindungen zwischen dem Konsum (von Lebensmitteln) und der Produktion von Kulturlandschaften als Ausdruck gesellschaftlicher Naturverhältnisse. Aus der Perspektive *Vorsorgenden Wirtschaftens* wird danach gefragt, wie diese gesellschaftlichen Naturverhältnisse nachhaltig gestaltet werden können. Das Beispiel Regionalvermarktung dient der Konkretisierung der theoretischen und normativen Orientierungen.

Einleitung: Lebensmittel konsumieren – Kulturlandschaften produzieren

Auf den ersten Blick bedeutet Ernährung, Lebensmittel zu konsumieren. Dabei lassen sich verschiedene Konsumgewohnheiten unterscheiden und als mehr oder weniger nachhaltig qualifizieren. Insbesondere aus der Perspektive nachhaltiger Entwicklung wird jedoch deutlich, dass mit Ernährung nicht nur Konsum, sondern zugleich auch Produktion verbunden ist: Produziert, d.h. immer wieder neu hergestellt werden die sozialen und ökologischen Bedingungen und Qualitäten von Gesellschaft und Natur, die „gesellschaftlichen Naturverhältnisse" (BECKER & JAHN 2006). Denn was wir essen und trinken, beeinflusst sowohl die Lebens- und Arbeitsbedingungen von Menschen – die der benachbarten Landwirtin, deren Hofladen wir aufsuchen ebenso wie die des indischen Reisbauern, dessen Produkte wir zu Hause oder im Restaurant genießen – als auch die Qualitäten der lokalen und globalen Natur. In der Landschaft verbinden sich die sozial-ökologischen Produkte der Ernährungskultur und werden als Kulturlandschaften sichtbar. Kulturlandschaften sind deshalb zu verstehen als Ausdruck gesellschaftlicher Naturverhältnisse (MÖLDERS 2013).

Wie können wir als VerbraucherInnen unsere Ernährungskultur und damit unsere Kulturlandschaften nachhaltig gestalten? Diese Frage verweist auf „Nachhaltigkeit" als normative Orientierung zukünftiger Entwicklungen und erweist sich als bestimmt und unbestimmt zugleich. Denn einerseits sind mit dem Konzept *Nachhaltige Entwicklung* Anforderungen festgeschrieben, hinter die es nicht zurückzufallen gilt. Dies ist erstens ein intra- und intergenerationelles Gerechtigkeitspostulat: Alle heute und in der Zukunft lebenden Menschen sollen ihre Bedürfnisse befriedigen können. Dies ist zweitens die Forderung einer integrativen Bezugnahme auf ökologische, ökonomische, politische, kulturelle und soziale Aspekte von Problemlagen. Die gemeinsame Betrachtung dieser oftmals getrennten Dimensionen bedeutet, sie aufeinander bezogen neu zu denken und sie in ihren spezifischen Qualitäten neu zu bestimmen (Forschungsverbund „Blockierter Wandel?" 2007: 85). Andererseits ist das, was in globalen und lokalen Zusammenhängen unter nachhaltiger Entwicklung konkret zu verstehen ist, nicht immer eindeutig bestimmt. Vielmehr handelt es sich um ein kontrovers strukturiertes Diskursfeld (Brand & Fürst 2002: 22), und es existieren zahlreiche, z.T. widersprüchliche Vorstellungen darüber, welche Inhalte, Ziele und Maßnahmen als „nachhaltig" zu qualifizieren sind. Ein wesentlicher Unterschied zwischen den jeweils vertretenen Nachhaltigkeitsverständnissen besteht in der Bestimmung des Verhältnisses zwischen Ökonomie und Ökologie. Denn während einige Ansätze von einer problemlosen, ja sich positiv auswirkenden Integrierbarkeit ökonomischer und ökologischer Belange ausgehen, stehen andere Ansätze dieser Annahme kritisch gegenüber und betonen gerade die Grenzen der Integration (Friedrich et al. 2010).

In diesem Beitrag wird ein Verständnis von nachhaltiger Entwicklung vertreten, das sich der zweiten, der kritischen Lesart nachhaltiger Entwicklung anschließt. Aus der Perspektive *Vorsorgenden Wirtschaftens* wird die Frage nach einer Ökonomie des *Guten Lebens* gestellt, die mit einem allein auf marktökonomische Prozesse, Wachstumsorientierung und monetäre Bewertungen gerichteten Ökonomieverständnis bricht. Anschließend werden am Beispiel der Regionalvermarktung die Zusammenhänge zwischen Ernährungskultur bzw. Konsum allgemein und der Produktion von Kulturlandschaften als Ausdruck gesellschaftlicher Naturverhältnisse vorgestellt und diskutiert. Der Beitrag schließt mit einem Fazit, in dem die Perspektive *Vorsorgenden Wirtschaftens* schlussfolgernd auf das Beispiel Regionalvermarktung angelegt wird.

Vorsorgendes Wirtschaften: Auf dem Weg zu einer Ökonomie des Guten Lebens

Seit 1992 arbeiten Wissenschaftlerinnen und Praktikerinnen im Netzwerk Vorsorgendes Wirtschaften an der Entwicklung eines Nachhaltigkeitskonzeptes, das ausgehend von einer Ökonomie des Guten Lebens die sozialen und ökologischen Lebensgrundlagen erhält und gestaltet (Busch-Lüty et al. 1994, Biesecker et al. 2000, Netzwerk Vorsorgendes Wirtschaften 2013). Was das Gute Leben in qualitativer und quantitativer Hinsicht ausmacht, ist nicht festgeschrieben, sondern wird als „klärungsbedürftig" verstanden, als Gegenstand eines gesellschaftlichen Aushandlungsprozesses. Wichtig ist dabei, dass es für das *Gute Leben* mehr braucht als das Lebensnotwendige, dass es sich um ein sozial-kulturelles Verständnis handelt und dass sich Fragen nach den Verhältnissen zwischen unterschiedlichen Wirtschaftsprozessen und dem *Guten Leben* stellen (Theoriegruppe Vorsorgendes Wirtschaften 2000: 62 ff.). Neben der Orientierung am für das *Gute Leben* Notwendigen als Handlungsziel wird die theoretische Ausformulierung und praktische Gestaltung einer *Vorsorgenden Wirtschaftsweise* von zwei weiteren Handlungsprinzipien angeleitet: Vorsorge (statt Nachsorge) sowie Kooperation (statt Konkurrenz). Damit unterscheidet sich das dem *Vorsorgenden Wirtschaften* zugrunde liegende Ökonomieverständnis grundsätzlich von gängigen Konzepten der Ökonomie. Es wird betont, dass Wirtschaften kein (neo)liberaler alternativloser Sachzwang ist (Netzwerk Vorsorgendes Wirtschaften 2013: 9), sondern sich mehrdimensional und vielgestaltig darstellt. Und tatsächlich finden sich im Alltag zahlreiche Beispiele dafür, dass Menschen ihr Leben und Arbeiten anders organisieren als nach den Denk- und Handlungsmustern eines *homo oeconomicus* – es werden Dinge selbst gemacht, es wird getauscht und ehrenamtlich gearbeitet.

Für das *Vorsorgende Wirtschaften* ist die Bezugnahme auf den versorgungswirtschaftlichen Bereich von zentraler Bedeutung: Dort, wo Menschen füreinander sorgen und auch dort, wo sie vorsorgend mit Natur umgehen, zeigt sich erstens, dass Wirtschaften nicht nur am Markt und geldvermittelt stattfindet, sondern überall, wo Menschen miteinander und mit Natur in Beziehung treten. Zweitens zeigt sich, dass dieses Wirtschaften vorsorgend organisiert sein muss, damit es nachhaltig, d.h. gerecht und integrativ sein kann. Die Betonung versorgungswirtschaftlicher Tätigkeiten für die gesamte Ökonomie weist das *Vorsorgende Wirtschaften* als feministisch motiviertes Konzept aus. Denn nach wie vor verbindet sich die sog. reproduktive Versorgungswirtschaft (Hausarbeit, Versorgung von Kindern und pflegebedürftigen Familienmitgliedern etc.) mit der weiblichen Sphäre, der die produktive Erwerbswirtschaft – die vermeintlich einzige Form „echter Arbeit" – als männliche Sphäre gegenübersteht. Wege *Vorsorgenden Wirtschaftens* zu erkunden bedeutet deshalb immer auch, die problematische Trennung zwischen „Reproduktivem" und Produktivem zu kritisieren (Hofmeister & Biesecker 2006) und nach Möglichkeiten der Verbindung zu suchen.

Vorsorgendes Wirtschaften verfolgt also das Ziel, das *Gute Leben* zu ermöglichen und geht davon aus, dass es dazu eines ökonomischen Denkens und Handelns bedarf, das Gesellschaft und Natur erhaltend zu gestaltend sucht. Derartige Wirtschaftsweisen entsprechen nicht dem Mainstream, sie erteilen dem Motto „Geiz ist geil" eine klare Absage und fragen stattdessen nach den sozialen und ökologischen Bedingungen und Konsequenzen von Produktion und Konsum. Die regionale Vermarktung von Produkten, wie sie mittlerweile in unterschiedlichster Form in zahlreichen Regionen realisiert wird, könnte ein Beispiel für solcherart vorsorgendes Wirtschaften sein.

Das Beispiel Regionalvermarktung: Lokale Besonderheiten am globalen Markt

Bei der Regionalvermarktung handelt es sich um einen Ansatz zur Vermarktung regionaler Produkte und Dienstleistungen. Dazu werden Kriterien (z.B. die Einhaltung sozialer und ökologischer Standards) definiert und häufig unter dem Dach einer Regionalmarke zusammengefasst. Insbesondere in Biosphärenreservaten, d.h. in von der UNESCO ausgewiesenen Großschutzgebieten in denen das Ziel verfolgt wird, den Schutz und die Nutzung von Natur durch nachhaltiges Wirtschaften miteinander zu verbinden, liegen zahlreiche und überwiegend positive Erfahrungen mit Regionalvermarktung vor (Kullmann 2007). Als Beispiele für eine gelungene und weit gediehene Umsetzung wird in der Literatur häufig auf die Aktivitäten in den Biosphärenreservaten Rhön (Geier 2004, Kullmann 2004) und Schorfheide-Chorin (Henne 2004, Kullmann 2004) verwiesen. In beiden Gebieten wurde eine Regionalmarke eingeführt, die über die Herkunft und Produktionskriterien informiert. Während im Biosphärenreservat Rhön nur ökologisch wirtschaftende Betriebe als Partnerbetriebe anerkannt werden, sind im Biosphärenreservat Schorfheide-Chorin auch konventionelle Betriebe in die Regionalvermarktung landwirtschaftlicher Produkte einbezogen (Kullmann 2004: 229). Die Zertifizierung unter dem Dach der Regionalmarke geht z.T. über die landwirtschaftliche Produktion hinaus und umfasst im Fall der „Regionalmarke Schorfheide-Chorin" z.B. auch Gastronomie und Beherbergung (Henne 2004), im Fall des Biosphärenreservats Rhön auch aus Rhönholz gefertigte Möbel (Geier 2004).

Auch im Biosphärenreservat Mittelelbe, dem Sachsen-Anhaltischen Teil des länderübergreifenden Biosphärenreservats Flusslandschaft Elbe, existiert seit 2009 eine Regionalmarke, die „Regionalmarke Mittelelbe" (www.regionalmarke-mittelelbe.de). Kleine und mittelständische Betriebe aus den Bereichen Land- und Forstwirtschaft, Handwerk, Dienstleistung und Gastronomie verarbeiten unter diesem Dach einheimische Rohstoffe zu regionaltypischen Produkten und vermarkten sie. Der Träger der Marke ist die Wirtschaftsförderung & Tourismus Anhalt GmbH. Die Realisierung dieses Vorhabens erstreckte sich – begleitet und unterstützt von Forschungsaktivitäten sowie dem Engagement regionaler Akteure – über mehrere Jahre und wurde von MÖLDERS (2010, 2012) als möglicher Beitrag zur nachhaltigen Gestaltung gesellschaftlicher Naturverhältnisse untersucht. Die Autorin kommt zu dem Schluss, dass die Regionalvermarktung ein Handlungsfeld nachhaltigen Wirtschaftens darstellt (MÖLDERS 2012: 205) Dies entspricht auch dem Selbstverständnis der Initiative, die sich auf ihrer Internetseite wie folgt präsentiert: „Dabei stehen Erhalt und Pflege unserer Kulturlandschaft an oberster Stelle. Nachhaltiges Wirtschaften ist für uns selbstverständlich, denn wir übernehmen gerne die Verantwortung für spätere Generationen" (www.regionalmarke-mittelelbe.de).

Welche Verbindungen bestehen zwischen der regionalen Vermarktung von Produkten und Dienstleistungen und der (nachhaltigen) Gestaltung von Kulturlandschaften als Ausdruck gesellschaftlicher Naturverhältnisse? Zunächst tritt Natur als Lebens- und Wirtschaftsgrundlage einer Gesellschaft in Erscheinung, die durch die Nutzung von Natur ihre Existenz zu sichern sucht. Insofern unterscheidet sich die regionale Vermarktung nicht von anderen Formen des Wirtschaftens. Indem jedoch die Region zum Bezugspunkt von Produktion und Konsum wird und dezidiert sozial-ökologische Qualitätskriterien formuliert werden, eröffnet sich die Möglichkeit eines erweiterten Verständnisses existenzieller Sicherung, das deren Einbettung in Gesellschaft und Natur nachvollziehbar werden lässt. Die Frage, wie gesellschaftliche Naturverhältnisse durch Produktion und Konsum verändert werden, lässt sich mit Blick auf die konkrete Kulturlandschaft beantworten.

Wenn versucht wird, Wirtschaftsweisen zu etablieren, die einen Zusammenhang zwischen Wirtschaften und nachhaltiger Naturgestaltung herstellen, könnte es gelingen, die Trennung von „Natur schützen" („reproduktiv") und „Natur nutzen" (produktiv) in ein erhaltendes Gestalten zu transformieren und so einen Beitrag zu einem vorsorgenden Wirtschaften zu leisten.

Fazit: Regionalvermarktung als *Vorsorgendes Wirtschaften*

Über die Handlungsprinzipien des *Vorsorgenden Wirtschaftens* wird die Regionalvermarktung als nachhaltiges Wirtschaften nachvollziehbar: Ziel ist eine Orientierung am für das *Gute Leben* Notwendigen. Diese betrifft die ProduzentInnen, deren Existenzsicherung von der Vermarktung abhängt, ebenso wie die KonsumentInnen, die qualitativ hochwertige Produkte genießen möchten. Aus dem engen regionalen Bezug zwischen Menschen und Natur ergibt sich die Vorsorgeorientierung der Regionalvermarktung. Es geht darum, so zu wirtschaften, dass dabei gesellschaftliche Naturverhältnisse entstehen, die für die heutigen und zukünftigen Generationen wünschenswert erscheinen. Dies ist wiederum nur möglich, wenn Menschen miteinander kooperieren. Häufig funktionieren regionale Vermarktungsaktivitäten in Form von Netzwerken, in denen unterschiedliche Akteure miteinander in Beziehung treten. Die große Nähe zwischen ProduzentInnen und KonsumentInnen ist dabei ein wesentliches Merkmal.

Zusammenfassend lässt sich die Regionalvermarktung also als nachhaltig im Sinne des *Vorsorgenden Wirtschaftens* charakterisieren. Dabei finden die Versuche, die regionalen Ökonomien als wirtschaftlich tragfähige Ökonomien in der ihnen eigenen Dynamik zu erhalten und zu verbessern, in ständiger Auseinandersetzung mit jenen, nicht nachhaltigen Ökonomien statt, die auch im Regionalen wirken (MÖLDERS 2010: 205 f.). Vor diesem Hintergrund kann der Regionalvermarktung durchaus ein subversives Potenzial zugesprochen werden, denn es geht um nichts weniger als darum, die regionale Wirtschaft von innen heraus zu verändern: „Regionale Vermarktung ist dann ‚das Besondere', jedoch nicht ‚das Andere' zur Wirtschaft" (MÖLDERS 2012: 268).

Literatur
BECKER, E. & JAHN, T. (Hrsg.) (2006): Soziale Ökologie. Grundzüge einer Wissenschaft von den gesellschaftlichen Naturverhältnissen. – Frankfurt/Main, New York.
BIESECKER, A. & HOFMEISTER, S. (2006): Die Neuerfindung des Ökonomischen. Ein (re)produktionstheoretischer Beitrag zur Sozial-ökologischen Forschung. – München.
BIESECKER, A. et al. (Hrsg.) (2000): Vorsorgendes Wirtschaften. Auf dem Weg zu einer Ökonomie des Guten Lebens. – Bielefeld.
BRAND, K.-W. & FÜRST, V. (2002): Sondierungsstudie: Voraussetzungen und Probleme einer Politik der Nachhaltigkeit – Eine Exploration des Forschungsfelds. – In: Politik der Nachhaltigkeit. Voraussetzungen, Probleme, Chancen – eine kritische Diskussion, S. 15–109. – Berlin.
BUSCH-LÜTY, C. et al. (Hrsg.) (1994): Vorsorgendes Wirtschaften. Frauen auf dem Weg zu einer Ökonomie der Nachhaltigkeit. Politische Ökologie, Sonderheft 6.
Forschungsbund „Blockierter Wandel?" (Hrsg.) (2007): „Blockierter Wandel?" Denk- und Handlungsräume für eine nachhaltige Regionalentwicklung. – München.
FRIEDRICH, B. et al. (2010): Normative Verortungen und Vorgehen im Forschungsprozess: Das Nachhaltigkeitsverständnis im Forschungsprojekt PoNa. PoNa-Paper Nr. 1. – Lüneburg. Im Internet abrufbar unter: www.pona.eu.

GEIER, M. (2004): Vom Rhönschaf bis zum Rhöner Apfel: Regionalvermarktung. – In: Voller Leben. UNESCO-Biosphärenreservate – Modellregionen für eine Nachhaltige Entwicklung, S. 146–151. – Bonn.
HENNE, E. (2004): Die Regionalmarke als Arbeitsinstrument für nachhaltige Regionalentwicklung. – In: Voller Leben. UNESCO-Biosphärenreservate – Modellregionen für eine Nachhaltige Entwicklung, S. 160–163. – Bonn.
KULLMANN, A. (2004): Stand der Regionalvermarktung landwirtschaftlicher Produkte in den deutschen Biosphärenreservaten. – In: Voller Leben. UNESCO-Biosphärenreservate – Modellregionen für eine Nachhaltige Entwicklung, S. 225–223. – Bonn.
KULLMANN, A. (2007): Regionalvermarktung in deutschen Biosphärenreservaten 2007. – UNESCO heute, 2. Halbjahr, Heft 2, S. 41–45.
MÖLDERS, T. (2010): Gesellschaftliche Naturverhältnisse zwischen Krise und Vision. Eine Fallstudie im Biosphärenreservat Mittelelbe. – München.
MÖLDERS, T. (2012): Natur schützen – Natur nutzen. Sozial-ökologische Perspektiven auf Biosphärenreservate. – Natur und Landschaft, Heft 6, Jahrgang 87, S. 266–270.
MÖLDERS, T. (2013): Natur- und Kulturlandschaften zwischen Einheit und Differenz. Das Beispiel Biosphärenreservat Mittelelbe. – In: Wie werden Landschaften gemacht? Sozialwissenschaftliche Perspektiven auf die Konstituierung von Kulturlandschaften, S. 61–95. – Bielefeld.
Netzwerk Vorsorgendes Wirtschaften (Hrsg.) (2013): Wege Vorsorgenden Wirtschaftens. – Marburg.
Theoriegruppe Vorsorgendes Wirtschaften (2000): Zur theoretisch-wissenschaftlichen Fundierung Vorsorgenden Wirtschaftens. – In: Vorsorgendes Wirtschaften. Auf dem Weg zu einer Ökonomie des Guten Lebens. S. 27–69. – Bielefeld.

Internet
www.regionalmarke-mittelelbe.de. 2013-01-14. ∎

Culinaria Regionalia – Eine kleine Kulturgeschichte des Essens und Trinkens

Gerhard Ermischer

Essen und Trinken hält Leib und Seele zusammen

Essen und Trinken hält Leib und Seele zusammen – so lautet ein bekanntes Sprichwort. Oder auch: „Du bist, was Du isst". Dem Essen und Trinken wird in diesen Sprichwörtern eine fundamentale Rolle für den Menschen zugewiesen – und das zu Recht. Denn wer nichts isst und trinkt, der verhungert und verdurstet, er stirbt und die Seele verlässt den Körper. Essen und Trinken halten also im wahrsten Sinne des Wortes Leib und Seele zusammen. Die Beschaffung von

Nahrung war für den Menschen über den größten Teil seiner Entwicklung und Geschichte hinweg die wichtigste Beschäftigung überhaupt.

Noch bis ins 19. Jahrhundert lebten selbst in Europa die meisten Menschen auf dem Lande und waren mit der unmittelbaren Produktion von Nahrungsmitteln beschäftigt. Seit der Mensch nicht mehr als Jäger und Sammler durch die Tundren und Wälder der Urgeschichte streift, also seit etwa acht Jahrtausenden, in denen er als Ackerbauer und Viehzüchter seinen Lebensunterhalt

Abb. 1: Bilder, die den Wechsel der Jahreszeiten darstellen, erfreuen sich seit dem Mittelalter großer Beliebtheit. Neben der Darstellung der vier Jahreszeiten entstanden so auch Zyklen der 12 Monate. Dieses Bild des Wittelsbacher Hofmalers Hans Wertinger (um 1466–1533) zeigt die bäuerlichen Tätigkeiten im September: Pflügen, Säen, Eggen, dazu die Apfelernte und ein Schäfer mit seiner Herde. Schön zu sehen sind im Hintergrund das herrschaftliche Gehöft und die Kirche, im Mittelgrund ein Flechtwerkzaun – und dabei auch gleich die Kopfweiden, die das nötige Baumaterial liefern. Eindrucksvoll wird so die agrarisch gestaltete Landschaft mit ihren Akteuren vorgestellt. Das Bild gehört zu jenen sieben Tafeln des Zyklus der 12 Monate, die sich heute im Germanischen Nationalmuseum in Nürnberg befinden.

erarbeitet, hat die Landwirtschaft unserer Landschaft beständig verändert – von den ersten Bäumen, die für die ersten Felder der ersten Bauern gefällt wurden, bis zu der *Grünen Revolution*, der Industrialisierung und Modernisierung der Landwirtschaft nach dem Zweiten Weltkrieg, die aktuell ihre Fortsetzung in der *Grünen Gentechnik* findet.

Essen und Trinken halten also Leib und Seele zusammen. Aber dies gilt nicht nur in der einfachen, physischen Form. Essen und Trinken nährten nicht nur den Leib, sondern auch die Seele. Essen und Trinken sind nicht nur die Befriedigung eines physischen Grundbedürfnisses, sondern auch ein Genuss, ein Vergnügen, ja sie können sogar zur Sucht werden. Ihre Zubereitung wird von der Kultur des Kochenden geprägt und ihre Aufnahme wird von der Kultur des Essenden bestimmt. Religionen beeinflussen durch Speisegebote die Auswahl der Nahrungs- und Genussmittel ebenso wie ihre Zubereitung. Dasselbe gilt auch für gesetzliche Regelungen, bis hin zu den Zulassungen bestimmter Arten von Nutzpflanzen durch die EU oder die Regulierung von Zuchtbedingungen, Schlachtung und Transport von Lebensmitteln durch nationale und internationale Gesetze. In der Vergangenheit bestimmten gesetzliche Regeln, wer was essen durfte. Wild war Herrenspeise. Im christlichen Abendland waren die Fastenzeiten streng zu achten, mit all ihren Beschränkungen für erlaubte und verbotene Nahrungsmittel. Der soziale Status beeinflusste stark den Zugang zu Nahrungsmitteln. Hunger war bis ins 20. Jahrhundert auch in Europa eine Plage, die nahezu jede Generation mindestens einmal erleiden musste. Aber die Reichen und Mächtigen konnten sich immer besser versorgen als die Armen und Schwachen. Der Zugang zu Fleisch, und vor allem zu dem schmackhaften und zarten Fleisch junger Tiere, war nur den Angehörigen der Oberschichten selbstverständlich.

Daher ist es mit dem Essen und Trinken wie mit der Kleidung: Kleider machen Leute und Du bist was Du isst. In Zeiten des Mangels galt ein stattlicher Bauch als Zeichen des Wohlstandes. Die Menschen definierten – und definieren durchaus auch heute noch – ihren sozialen Status nach den Nahrungsmitteln, die sie sich leisten können, den Restaurants, die sie besuchen können. Auch wenn diese Unter-

Abb. 2: Eine Ziegenherde überquert im Abendlicht eine Straße auf der griechischen Insel Samos. Ziegen gehören zu den ältesten Nutztieren des Menschen und wurden vor allem wegen ihrer Milch und ihrem Fleisch gehalten. Da sie die Pflanzen sehr stark verbeißen, haben sie tiefgreifenden Einfluss auf die Landschaft und schaffen Offenland. In Europa galt die Ziege in der Neuzeit als „Kuh des armen Mannes" – vor allem im Zuge der Industrialisierung hielten sich auch Menschen in den Städten Ziegen, wo ein kleiner Freiraum genügte, um die karge Nahrungsversorgung aufzubessern.

schiede heute mehr verwischt sind als in der Vergangenheit, bestehen sie doch fort. So sind das Fertigessen aus dem Supermarkt nebst Fastfood aus diversen Ketten ebenso ein Sozialindikator wie der genüsslich zelebrierte Besuch in einem angesagten Restaurant eines gefeierten Kochs der Molekularküche. Aus religiösen, ethischen oder philosophischen Überlegungen heraus verzichten Menschen aber auch auf bestimmte Lebensmittel. Ein Vegetarier isst nicht nur anders als ein bekennender Fleischesser, auch die ideologischen Gebäude dahinter unterscheiden sich, die Einstellung, das Bewusstsein des Essenden. Du bist was Du isst – und dies ist, zumindest in unserer Wohlstandsgesellschaft, immer mehr eine ganz bewusste Entscheidung.

Abb. 3: Das Auge isst mit – festlich gedeckte Tafel im staatlichen Weingut Zausal auf Teneriffa (Kanaren). Schon im Mittelalter prunkte die höfische Kultur mit prachtvollem Geschirr, doch erst seit dem Barock setzte sich immer mehr eine Tafelkultur mit einheitlichem Besteck und Geschirr durch. Gleichzeitig wurde auch die Abfolge der Speisen immer stärker normiert, bis sie im 19. Jh. ihre heute gängige Form erreichte: Suppe, Vorspeise, Fisch, Fleisch, Süßes und/oder Käse, Kaffee und Konfekt – mit dem dazu passenden Besteck und Geschirr.

An der Tafel der Herren

Essen und Trinken dienen dem Menschen nicht nur zu der fundamentalen Aufrechterhaltung seines Stoffwechsels und damit seiner Lebensfunktionen. Spätestens seit der Mensch anfing, seine Nahrung zu kochen und mit einfachen Mitteln zu würzen, kam ein wichtiger Aspekt hinzu: der Geschmack und damit der Genuss. Doch schon davor spielte Essen eine wichtige soziale Rolle. Denn der Mensch ist ein Herdentier, er lebt im Rudel. Blicken wir auf andere (jagende) Säugetiere, die in Rudeln leben, so wird klar: gejagt und gefressen wird gemeinsam. Und dabei werden die sozialen Bindungen gestärkt und vor allem auch die sozialen Hierarchien bestätigt. Das Alphatier frisst zuerst, die anderen Mitglieder des Rudels fressen in einer klar abgestuften Reihenfolge. Das vorwitzige Jungtier, das sich vordrängen will, wird sofort diszipliniert. Die Reihenfolge legt auch fest, wer die besten Stücke bekommt und wer sich mit den Resten begnügen muss.

In der menschlichen Zivilisation hat sich diese Rangordnung gerade beim Essen zu einer ausgeklügelten und fein abgestuften Hierarchie der Essenden entwickelt. Essen und Trinken sind bis heute für uns von eminenter sozialer und kultureller Bedeutung. Nicht umsonst wird der schwindende Zusammenhalt in modernen Familien gerne am Verschwinden des gemeinsamen Mahles am gemeinsamen Esstisch festgemacht. In der Vergangenheit war die Tafel vor allem der Reichen und Mächtigen ein Ort der Bestätigung sozialer Ordnung wie der Selbstdarstellung und Repräsentation. Dabei kam den Nahrungsmitteln, ihrer Zubereitung wie ihrer Präsentation eine gleichermaßen wichtige Rolle zu.

Dies hat jüngst Mathilde Grünewald in ihrem Buch „Schmausende Domherren oder wie Politik auf den Tisch kommt" an zwei festlichen Tafeln des Domkapitels zu Mainz dargestellt. Dabei untersuchte sie das Totenmahl für den verstorbenen Erzbischof Kardinal Albrecht von Brandenburg, jener schillernden Figur im Zeitalter der Reformation, die als Gegenpart zu Martin Luther in die Geschichte einging, und das Festmahl anlässlich der Wahl seines Nachfolgers Sebastian von Heusenstamm. Das Totenmahl für Kardinal Albrecht, einen der mächtigsten Fürsten seiner Zeit, bestand dabei nur aus neun Gängen, das Festmahl für seinen Nachfolger aus 24 Gängen. Dies war nicht nur dem Umstand geschuldet, dass ein Totenmahl eben ein nicht ganz so freudiger Anlass ist. Schließlich zeichnet sich so mancher Leichenschmaus auch heute noch durch Üppigkeit und Völlerei aus. Nein, es war auch ein politisches Signal. Der Kardinal und das Domkapitel hatten sich im Zuge der Reformation entfremdet, darüber hinaus fürchteten die Domherren, sie könnten am Ende nicht alle Schulden zurück erhalten, die der Kardinal bei ihnen zu Lebzeiten angehäuft hatte. Dies erwies sich schließlich zwar als falsch, trübte aber die Stimmung. Dagegen sollte mit der Wahl eines Mannes aus der eigenen Mitte ein Neuanfang signalisiert und dieser dann auch würdig gefeiert werden.

Die soziale Rolle des Essens drückte sich bereits in der Tischordnung aus. Die Tafel der Herrschaft war am Kopfende des Speisesaals, üblicherweise der repräsentativste Raum in Burg und Hof, auf einer erhöhten Plattform aufgestellt. Die weiteren Tische standen darunter. Der soziale Status zeigte sich daran, wo man sitzen durfte: mit der Herrschaft oben am Herrentisch, oder darunter – und je weiter entfernt von der herrschaftlichen Tafel, desto niedriger der Rang. Das Gesinde aß erst gar nicht im Saal, sondern in der Küche oder im Gesinderaum. Der Repräsentation diente auch das Tafelgeschirr. Allen voran das Salzfass, das unmittelbar vor dem Herrn selbst stand. In diesem oft reich geschmückten Gefäß befand sich das wichtigste und älteste Würzmittel: das Salz. Welchen Aufwand man damit treiben konnte, zeigt die berühmte „Saliera" von Benvenuto Cellini, jenes goldene Meisterwerk, das er für König Franz I. von Frankreich verfertigte und welches später als wahrhaft fürstliches Geschenk in den Besitz der Habsburger gelangte und so heute der ganze Stolz der Kunstkammer in Wien ist. Salz war kostbar, auch wenn es in Europa an verschiedenen Orten entweder bergmännisch abgebaut oder in den Küstenregionen aus dem Meerwasser gewonnen wurde. Es musste also nicht aus exotischen Ländern importiert werden, aber die Gewinnung war aufwändig und die Mengen, die zur Verfügung standen, waren sehr beschränkt. Salz trägt nicht umsonst den Titel „Weißes Gold". Und es bringt nicht von ungefähr Unglück, Salz zu verschütten. Jedenfalls für den Tollpatsch, der dafür verantwortlich war, setzte es wohl ein paar Ohrfeigen, obwohl so mancher Herr oder Küchenchef auch mit dem Stock nicht sparte.

Das Salz wurde also symbolisch vom Herrn selbst verteilt, ein Gunstbeweis, den er seinen Gästen oder auch den Mitgliedern seines Hauses zuteil werden ließ. Darin unterschied sich der Fürstenhof nicht vom Bauernhof. Die freien Bauern orientierten sich in ihrer „Hofhaltung" ohnehin an den Höfen der Adligen. Und so stand auf dem Tisch des Bauern in der guten Stube noch zu Beginn des letzten Jahrhunderts das Salzfass, und wenn es auch nur eine einfache Schale aus Holz oder Irdenware war, und er verteilte das Salz an Familienmitglieder, Gesinde und Gäste mit dem Stolz eines Fürsten an seiner Tafel.

Das gute Tafelgeschirr diente jedoch nicht nur der Repräsentation bei Tisch, sondern es zeigte auch den Wohlstand seines Besitzers – und seine Kreditwürdigkeit. Deshalb wurde es nicht nur zur feinen

Tafel hervorgeholt, es stand für jeden Besucher gut sichtbar in offenen Schränken und Regalen ausgestellt. Der Reichtum an Zinn, Silber, Glas und in den reichsten Haushalten sogar Goldgeschirr, sollte den Besucher nicht nur beeindrucken. Wer gezwungen war, sein Tafelsilber zu versetzen oder gar zu verkaufen, der zeigte seine finanzielle Notlage deutlich allen durch die leeren Regale – oder dadurch, dass diese nicht mehr mit wertvollem Metallgeschirr bestückt waren. Da die Metalle jederzeit eingeschmolzen werden konnten, war das gute Geschirr im wahrsten Sinne des Wortes der Notgroschen, auf den man zurückgreifen konnte und musste, wenn man „nicht mehr flüssig war".

War schon Salz von so großer Bedeutung für die soziale Stellung des Gastgebers, so trifft dies in noch weit höherem Maße auf die exotischen Gewürze zu, die aus fernen Ländern teuer importiert werden mussten. Pfeffer, Ingwer, Muskat, Zimt, Gewürznelken und Safran beflügelten die Phantasie der Europäer und dienten den Reichen und Mächtigen zur Darstellung ihres sozialen Status. Die Speisen im Mittelalter waren also keineswegs so kräftig gewürzt, um den eklen Geschmack verdorbenen Fleisches zu überdecken. Wirklich verdorbenes Fleisch lässt sich nicht mit Gewürzen „verbessern", wer es isst, wird krank – und wer sich die teuersten Gewürze leisten kann, der hat auch ordentliches Fleisch in der Küche. Die Gewürze hatten sehr wohl eine positive Wirkung für den Essenden: sie halfen bei der Verdauung, was angesichts der ungeheuren Mengen an Essen bei mittelalterlichen Festmählern äußerst wichtig war. Sie regten auch den Appetit an. Die wechselnde Abfolge von scharfen, süßen und sauren Speisen (der feste Rhythmus von Suppe, Fisch, Fleisch, Dessert ist eine moderne Erfindung) erhöht ebenfalls die Aufnahmefähigkeit. Vor allem aber dienten die Gewürze der Repräsentation. Sie sollten den Reichtum des Gastgebers betonen, seinen Zugang zu den ausgefallensten Gewürzen und seine Großzügigkeit bei der Ausrichtung des Mahles. Auch erlaubten es die Gewürze, den Geschmack der Speisen zu verfremden, was im Mittelalter wie im kaiserzeitlichen Rom als besondere Kunst galt. Man war verblüfft und begeistert, wenn ein Fisch sich am Ende als kunstvoll gewürztes und sorgfältig zurechtgeschnittenes Schweinefleisch herausstellte.

Im 18. Jahrhundert entwickelte sich in Frankreich eine Gegenbewegung, die ganz auf den Eigengeschmack der ausgewählten Zutaten setzte. Umso mehr litt ein Botschafter Frankreichs am spanischen Hof in Madrid. Spaniens Stern war damals schon lange im Sinken begriffen, die Spanischen Niederlande waren ebenso verloren gegangen wie der Kampf um die Vormacht auf den Weltmeeren gegenüber England. Gerade deshalb wollte man am königlichen Hof beweisen, dass Spanien immer noch eine Großmacht mit einem weltumspannenden Kolonialreich war. Die exotischen Gewürze dienten als Beweis der eigenen Handelsmacht. Ganz besonders reichlich wurde Safran eingesetzt, das königliche Gewürz. Dem französischen Botschafter war diese Überwürzung ein Graus, insbesondere der hemmungslose Gebrauch des Safrans empörte seinen Gaumen. Und so schrieb er zurück nach Paris, wann immer er zu einem der zeremoniellen Festmähler am spanischen Hof geladen werde, esse er ausführlich vorher in der französischen Botschaft, um später nicht Hunger leiden zu müssen, während er die zahlreichen Gänge unangetastet an sich vorüber ziehen lasse.

Nicht nur die Gewürze, auch die Nahrungsmittel selbst drückten den sozialen Status aus, ja dienten der herrschaftlichen Selbstdarstellung. So war die Jagd Herrenprivileg, und wehe dem Untertan, der sich an den Hirschen und Rehen, den Fasanen oder Wachteln vergriff. Wilderei wurde im mittelalterlichen wie neuzeitlichen Europa überall mit drakonischer Härte verfolgt. Nicht, weil der materielle Schaden durch das Wildern so groß gewesen wäre, sondern weil damit die „natürliche" oder „göttliche" Ordnung der Welt angegriffen wurde. Das Wild gehörte dem König, dem Fürsten, dem Herren, und wer sich daran vergriff, der vergriff sich am Recht des Herrschers, an seinem ihm von Gott verliehenen Anspruch auf Herrschaft. So setzte man Wilderer im Erzstift Mainz, also im Herrschaftsbereich eines geistlichen Fürsten, beim Bau und der Freihaltung der Stadtgräben und Bastionen ein. Jedoch nicht einfach als Zwangsarbeiter, sondern mit Ketten gefesselt und beschwert und dazu noch eingenäht in eine frische Hirschhaut – die sich in der Sonne zusammenzog und deren Blut und Fleischreste die Fliegen in Schwärmen anzog.

Selbst Tauben durfte nicht jeder halten. Auch dies war den Herren vorbehalten. Ein unfreier Bauer, der sich einen einfachen Taubenschlag bastelte, hatte mit harten Strafen zu rechnen, einmal ganz abgesehen davon, dass die Konstruktion sofort wieder eingerissen wurde. Der Taubenturm war ein Symbol des Gutshofes, des adligen Gutsbesitzers. In den Niederlanden waren die freien Bauern besonders stolz auf ihren sozialen Status. Dazu gehörte auch das Recht, Tauben zu halten – und auf den Gemälden holländischer Landschaftsmaler lassen sich die repräsentativen Taubentürme auf dem Hof der freien Bauern gut erkennen. Sie sind gleichermaßen Symbol für den Wohlstand wie für den sozialen Status und die politischen Rechte der Gutsbesitzer.

Manche Tiere waren allein den Fürsten vorbehalten. So war der Schwan im wahrsten Sinne des Wortes ein königlicher Vogel. Daher legten Fürsten oft spezielle Teiche oder Ziergräben an, in denen Schwäne gehalten wurden, für die eigens Wächter angestellt wurden. Der Schwan war dann das krönende Gericht bei einem großen Festmahl, kunstvoll nach dem Braten wieder in sein Gefieder gekleidet und mit Juwelen und goldenen Krönchen geschmückt. Die Papiermanschetten an den Beinchen gegrillter Hähnchen mögen ein letzter Abglanz solcher Prunkentfaltung sein. Das heißt aber nicht, dass der Schwan unbedingt auch besonders gut schmeckte. Wichtig war seine Exklusivität, seine Bedeutung als privilegiertes Wild der Könige, nicht sein Geschmack. Der soll eher wenig exquisit gewesen sein, das Fleisch galt als besonders zäh. Ein humoristisches Rezept aus dem mittelalterlichen England jedenfalls lautet: Wie man einen Schwan kocht. Man nehme einen großen Kessel mit kochendem Wasser und tue den Schwan zusammen mit einem großen Stein in diesen. Dann koche man beides einen Tag lang. Dann werfe man den Schwan weg und esse den Stein …

Aber auch Meerestiere wurden unter königlichen Vorbehalt gestellt. So erklärten schon die römischen Kaiser den Heilbutt zu einem kaiserlichen Fisch, der an die Hofhaltung abzuführen sei. Und im mittelalterlichen England galten Wal und Stör als königliche Fische. Wurde ein Stör gefangen oder ein Wal an die Küste geschwemmt, so war der lokale Coroner zu verständigen. Dieser entschied dann, was mit dem Tier zu geschehen habe. Da man vor allem die Wale nicht einfach an den nächsten königlichen Hof schicken konnte, war dies allerdings üblicherweise eine rein fiskalische Angelegenheit: der Wert des Tieres wurde ermittelt und ein entsprechender Betrag war an die königliche Schatulle abzuliefern. Daher fielen Wal und Stör auch unter „treasure trove", das Schatzregal.

Essen diente aber nicht nur der Repräsentation, sondern auch an der herrschaftlichen Tafel der sozialen Bindung. So war der Herr für die Verköstigung seines Gefolges verantwortlich. Die Mainzer Hofordnung von 1532 enthält umfangreiche Bestimmungen zur Verpflegung der zahlreichen Bediensteten, Amtsträger und Angestellten des Hofstaates des Kurfürsten und Erzbischofs von Mainz. Seine Residenz in Aschaffenburg war auch gewissermaßen eine große Küche, die wohl fast rund um die Uhr arbeitete. An drei verschiedenen Tafeln wurden die

Berechtigten ihrem Rang nach verköstigt, jeden Tag mehrmals und zum Hauptmahl mit einem mehrgängigen Menü. Wobei den adligen Angehörigen des Hofstaates auch Wild als Verpflegung zustand, daneben weißes Brot, während die Knechte weniger Fleisch erhielten als die besser gestellten Dienstleute und mit schwarzem Brot vorlieb nehmen mussten. Doch auch ihr Speisezettel liest sich erstaunlich reichhaltig. Der Hofstaat verfügte auch über einen Küchenschreiber wie einen Silberdiener, ein Hinweis auf die prachtvolle Ausgestaltung der kurfürstlichen Tafel. Der Kurfürst hatte seinen eigenen Mundkoch, daneben tauchen in den Rechnungen weitere Hofköche, Bratenmeister, ein Hofmetzger und ein Hofbäcker auf.

Für die Versorgung der fürstlichen Tafel mit Wild war ein ausreichender Wildvorrat nötig. Diesen lieferte nicht einfach, wie oft angenommen, der neben Aschaffenburg gelegene Spessart. Das Wild wurde vielmehr in Wildparks gehalten. Solche gab es auch im Spessart, wo sie dann für die höfischen Jagden das Trophäenwild zur Verfügung stellten. Die größten Wildparks waren aber unmittelbar bei Aschaffenburg gelegen. Im 18. Jahrhundert zu Parks und Gärten umgewandelt, bilden sie heute die außergewöhnliche Parklandschaft von Aschaffenburg: die Fasanerie, wo einst das Federwild gezüchtet wurde, das Schöntal, in dem sich auch die Fischteiche befanden, und der Schönbusch. Hier war das lebende Wild, wie in Wildparks heute, jederzeit verfügbar und konnte nach Bedarf geschlachtet werden.

Abb. 4: Der Schönbusch vor den Toren Aschaffenburgs diente schon im Mittelalter den Kurfürsten und Erzbischöfen von Mainz als Wildpark, aus dem die Küche der Johannisburg in Aschaffenburg versorgt wurde. Im 18. Jahrhundert verlor er diese Bedeutung und wurde zu einem Landschaftspark nach englischen Vorbild umgestaltet. Hier die Blickachse vom Schlösschen Schönbusch über einen künstlichen Weiher zum Schloss Johannisburg.

Durch die Anlage der Wildparks wurde auch die Landschaft gestaltet. Heute sind sie zwar nicht mehr in ihrer ursprünglichen Nutzung vorhanden, aber sie haben sich entweder, wie die mittelalterlichen Wildparks in Aschaffenburg, in Parklandschaften verwandelt, oder sie wurden im Barock bereits als Jagdparks mit prachtvollen Schlössern angelegt, wie etwa Schloss Brühl bei Bonn. Die fürstliche Jagd erhält ja im Barock noch einmal eine besondere Bedeutung. Im Sinne des Absolutismus soll die vollständige Herrschaft des Fürsten über das Land, seine Leute, ja sogar die Natur, die Pflanzen und Tiere symbolisch in der Jagd dargestellt werden. Die Parforce-Jagd wird zum Sieg des Herrschers über das stolze Wild, den ausgewählten prachtvollen Hirsch, den man sich durchaus im speziell gebauten Hirschwagen von Polen oder Russland herankarren lässt, damit man ein Wild mit außergewöhnlicher Krone erlegen kann. Die Landschaft wird mit den Jagdsternen für diesen einen Zweck gestaltet, mit langen Alleen, durch die sich das Wild hetzen lässt. Aber auch die Jagd querfeldein gehört dazu, über die Felder der Untertanen hinweg, die dies widerspruchslos dulden müssen – womit ganz klar gestellt wird, wie die hierarchische Ordnung aussah. In der Inszenierung des herrschaftlichen Auftritts wurde die Landschaft zur Bühne, auf der das Wild – mit seinem Geweih als Trophäe für das Jagdzimmer und mit seinem Fleisch für die fürstliche Tafel – eine Hauptrolle spielte.

Am Tisch der kleinen Leute
Für die einfache Bevölkerung, und das war ja die überwiegende Mehrheit der Menschen, war der Tisch weit weniger reich gedeckt, und die Speisen waren weit weniger exotisch. So heißt es in einem mittelalterlichen Werk über die „Küchenmaisterey":

Ich bin ein Koch / für ehrbar Gest
kan ich wol kochen auff das best /
Reiß / Pfeffer / ander gut Gemüß /
Vögel / Fisch / Sülzen / reß und süß /
Für Bauern und Handwercksmann /
Hierß / Gersten / Linsen / Arbeiß und Bon /
Rotseck / Würst / Suppen / Rüben und Kraut /
Damit sie auch füllen die Haut.

Der Koch kann also für die ehrbaren (sprich adligen, reichen) Gäste auf das Beste kochen, mit Reis, Pfeffer, gutem Gemüse, Vögel, Fischen, reschen (sauren, fleischhaltigen) oder süßen Sülzen. Den Bauern und Handwerkern dagegen bleiben Hirse, Gerste, Linsen, Erbsen und Bohnen, Blutwurst, Würste, Suppen und vor allem Rüben und Kraut. Auch damit lässt sich die Haut (der Leib) füllen. Oder wie an der Ausgabe der Armenspeisung im Kloster Seligenstadt so schön geschrieben steht:

Herbey zu Haferbrey
hie in der Suppen hast du Gersten drey,
in dem anderen Plechle den Haferbrey,
den Braten dich ganz nit kehr,
droll dich hinweg,
dir wirt nit mehr.

Die guten Benediktinermönche stellten also klar, dass die Bedürftigen hier eine Suppe mit drei Sorten Gerste und einen Schlag Haferbrei aus den beiden Töpfen der Armenspeisung erwarten durften, dass sie sich aber gar keine Hoffnung auf Braten machen sollten und mehr einfach nicht zu haben sei.

Bauern und einfache Bürger wurden im Mittelalter von den Adligen gern als „Kraut- und Rübenfresser" verspottet. Allerdings aß man natürlich nur das eine oder das andere Grundnahrungsmittel, nie beide zusammen. Das wäre nun wirklich ein Durcheinander wie „Kraut und Rüben" gewesen. Daneben finden sich vor allem Hirse- und Haferbrei. Dazu kamen Linsen, Erbsen, Wicken, Saubohnen, sowie Milchprodukte. Brot wurde aus Roggen- oder Hafermehl gebacken, Gerstenbrot galt bereits als „herrenspise". Weizenbrot wurde als „Schoenez brot" bezeichnet, das Weizenmehl als „semel". Weißbrot und Semmeln waren dem Adel vorbehalten. Die Bauern mussten dagegen oft auch Brot aus Ersatzmitteln essen, trotzdem blieb das Brot meist noch etwas Besonderes. Grützen, Mus- und Breispeisen waren die Hauptnahrungsmittel. So spricht auch eine mittelalterliche Quelle von der „guten Löffelspeise". Der Löffel war ja auch das wichtigste Essutensil, Gabeln gab es im Mittelalter nur als zweizinkige Vorlagegabeln und das Messer trug man am Gürtel. Der Löffel war ein so persönliches Gut, das selbst der Ärmste noch mit sich führte, und war er auch nur grob aus Holz selbst geschnitzt, dass sich daraus die bekannteste Umschreibung für den Tod entwickelte: den Löffel abgeben. Der einzige Ort, an den man seinen Löffel nicht mitnehmen konnte, war das Jenseits.

Andererseits waren die einfachen Leute auf die Produkte der Region angewiesen, konnten sich nicht mit exotischen Gewürzen helfen, sondern mussten auf die heimischen Kräuter, Beeren und Früchte zurückgreifen, um ihren Speisezettel zu bereichern. Und so ist die „Armeleuteküche", die „Cucina Povera", weit mehr ein Spiegel der regionalen Landschaft als die „Haute Cuisine" der Reichen und Mächtigen. Und waren die Grundnahrungsmittel auch beschränkt, so konnte man aus den regionalen Zutaten durchaus wohlschmeckende Variationen schaffen. Die Grundnahrungsmittel selbst erlebten dabei auch historische Veränderungen. So ändert sich der Speisezettel der Menschen in vielen Gegenden Europas – vor allem aber in den Mittelgebirgen – dramatisch durch die Einführung der Kartoffel. Diese Knollenfrucht aus Amerika erlaubte es auch auf kargen Böden und bei schlechten klimatischen Voraussetzungen noch, brauchbare Ernten zu erzielen. Und so sind im Spessart und anderen Mittelgebirgsregionen zahlreiche Rezepte für süße wie deftige Kartoffelgerichte entstanden.

Äpfel waren das meistverbreitete Obst, darin im 19. Jahrhundert der Kartoffel vergleichbar. Sie waren auch gut haltbar, weshalb sie auch im Winter zur Verfügung standen. Der Geruch gebratener Äpfel, wo man es sich leisten konnte, mit Zimt oder Gewürznelken verfeinert, gehörte für viele Generationen zum klassischen Weihnachtsgefühl. Wenn in den Spessartdörfern der kommunale Backofen befeuert wurde, um einmal im Monat Brot zu backen, dann schob man, wenn die Hitze für das Brotbacken

Abb. 5: Bohnen gehören zu den alten Kulturpflanzen und stellten über Jahrtausende ein Grundnahrungsmittel dar. Hier sind farbenprächtige Bohnen auf einem Markt in Bozen zu sehen. Gekochte Bohnen, Bohnenbrei und Bohnensuppe füllten schon die Mägen einfacher Griechen und Römer. Auch Sagen und Märchen ranken sich um die kletterfreudige Kulturpflanze.

nicht mehr reichte, einen dünnen Teig mit Apfelspalten und Zucker belegt hinein, und erhielt so eine wohlduftende, süße Köstlichkeit.

Viele dieser Gerichte sind heute verschwunden, nur noch wenige Leute wissen sie zuzubereiten. Mit dem zunehmenden Wohlstand nach dem Wirtschaftswunder, den Reisen in ferne Länder, den feinen Restaurants und der immer internationaler werdenden Küche erschienen sie den meisten Menschen als veraltet, armselig und uninteressant. Eine kleine Anekdote aus dem Spessart mag dies verdeutlichen: Als wir im Jahr 1999 unseren ersten Kulturweg im Archäologischen Spessart-Projekt in Frammersbach erstellten, wollte auch das benachbarte Partenstein nicht abseits stehen. So kam es zu einer Begehung mit dem Bürgermeister und interessierten Bürgern. Am Ende ging man zum Griechen für die Abschlussbesprechung. Auf die Frage, wo man denn nach einer Wanderung hier essen gehen könne, kam die gutgelaunte Antwort: „Wir sind ja hier bei unserem hervorragenden Griechen, dann haben wir noch einen guten Italiener und seit kurzem auch eine Thailänder." Auf die Nachfrage, ob es denn nicht auch eine Möglichkeit zur Einkehr mit regionaler Küche gäbe, lautete die Antwort: „Nein, da haben wir kein Gasthaus mehr. Aber wer will das schon, Kartoffel, Äpfel und fette Wurst!"

Dies hat sich glücklicherweise in den letzten Jahren geändert. An den inzwischen über 70 Kulturwegen hat sich ein ganzes Kochbuch voller lokaler und regionaler Spezialitäten entwickelt. Gerade die besten Restaurants der Region entdecken die regionale Küche wieder, beginnen alte Rezepte neu zu interpretieren. Nicht nur Wildschwein, Spessartforelle und Kartoffelgerichte bereichern die Speisekarte, sondern auch alte Gemüse, Kräuter und Zubereitungsarten kommen wieder zu neuen Ehren. Aber gerade die innovativen und intelligenten Lösungen der Armeleuteküche, aus einfachen Zutaten immer wieder neue Gerichte zu zaubern, finden Anklang – besonders, wenn man zu den Gerichten auch noch die Geschichten dahinter erzählt.

Reiches Essen – Armes Essen
Seit dem 16. Jahrhundert, seit der Erfindung des Flugblatts, gibt es zahlreiche moralisierende Stiche, die den Unterschied zwischen der reichen und der armen Küche zeigen. In der einen balgen sich ausgemergelte Gestalten um armselige Reste, in der anderen weiß der Fettwanst kaum noch, wie er all die Köstlichkeiten in sich hineinstopfen soll. Genauso klar unterschieden scheinen uns die armen und reichen Speisen. Doch stimmt dies auch? Austern, Lachs und Hummer etwa sind Luxusgerichte auf der Tafel der Reichen. Wirklich immer und überall?

Im Mittelalter und der Neuzeit gehörten Austern im Binnenland eindeutig zu den Luxusgütern. Deshalb entwickelte sich hier ein wahrer Kult um die Auster – der bis heute anhält. Allerdings erstaunt den modernen Leser die Menge an Austern, die etwa im 18. Jahrhundert von denen verdrückt wurde, die es sich leisten konnten. So empfiehlt ein zeitgenössisches Kochbuch, nicht mehr als 60 Austern auf einmal zu essen, da sie danach nicht mehr so gut schmecken würden. Maria Lezcynska, die Frau des französischen Königs Ludwig XV., vertilgte jedoch einmal statt fünf gleich fünfzehn Dutzend Austern (180!), wonach es ihr allerdings so schlecht ging, dass man ihr die letzte Ölung erteilte. Sie erholte sich glücklicherweise wieder von dieser Schlemmerei.

Da war Herr Laperte schon aus anderem Holz geschnitzt: Über ihn berichtet der Barde genüsslicher kulinarischer Gelehrsamkeit Brillat-Savarin in seinem wunderbaren Werk „Physiologie des Geschmacks" folgende Anekdote: Als Brillat-Savarin 1798 in Versailles weilte, speiste er mit seinem Bekannten, der sich darüber beklagte, nie genug Austern zu bekommen, um sich einmal nach Herzenslust an ihnen zu sättigen. Während Brillat-Savarin drei Dutzend Austern verspeiste, brachte es Herr Laperte auf 32 Dutzend (384!). Leider war der Diener, dessen Aufgabe es war, die Schalen zu öffnen, recht ungeschickt, so dass sich dieser Vorgang lange hinzog. Brillat-Savarin verlor deshalb die Geduld und nötigte seinen Bekannten, wenn auch mit Bedauern, zum nächsten Gang überzugehen, so dass er sich auch dieses Mal nicht an den Austern satt essen konnte.

Noch ärger trieb es der Graf Wermuth in der gesellschaftskritischen Tragikomödie „Der Hofmeister" von Jakob Lenz (1774), der gleich 600 Austern vertilgte – als literarische Übertreibung und Karikatur des verschwenderischen Adligen. Dieselbe Zahl von Austern taucht jedoch auch in einer Rechnung für ein Diner des dänischen Königs vom 1. Januar 1716 zu Mölln im Herzogtum Lauenburg auf. Und ein geistlicher Würdenträger in Straßburg soll es ebenfalls auf die Rekordzahl von 600 Austern gebracht haben. Er liebte die Muscheln so sehr, dass ihm seine Freunde folgendes Epitaph gesetzt haben: „Wenn ihn die Trompeten des Jüngsten Gerichts nicht wecken, so ruft einfach ‚frische Austern', dann wacht er schon auf." Brillat-Savarin bringt die Freude des Austernessens ebenfalls mit den Geistlichen in Verbindung und unterstellt den Abbés (französischen Weltgeistlichen) aus der Zeit vor der Revolution, sie hätten nie weniger als ein Gros (also 12 Dutzend = 144) Austern auf einmal verspeist. Eine Vorliebe, die doch etwas verwundern darf, wenn man an die aphrodisierende Wirkung denkt, die den Austern nachgesagt wird. Jedenfalls beschreibt Casanova in seiner Biographie immer wieder ausführlich, wie er sich mit Austern stärkte und sie zur Verführung seiner Auserwählten einsetzte.

Umgekehrt beschreibt Samuel Pepys im 17. Jahrhundert in seinem berühmten Tagebuch immer wieder ganz beiläufig, wie er mit Freunden oder Bekannten ein Fässchen Austern zu Bier oder Wein verspeiste, meist als Snack, als Vorspeise oder Zwischengericht. Tatsächlich waren Austern in Südengland und Irland im 19. Jahrhundert so allgegenwärtig, dass sie als Nahrungsmittel der armen Leute galten. Während sich die Ernährungssituation der Bevölkerung in England durch die Einführung der Fish-and-Chips-Buden laut einem Regierungsbericht verbesserte, waren die Angehörigen der Unterschicht in Irland so arm, dass sie sich weiter von Austern ernähren mussten. Dies wird durch eine Bemerkung in den Pickwick Papers von Charles Dickens deutlich: „Es ist ein sehr bemerkenswerter Umstand, dass Austern und Armut stets Hand in Hand zu gehen scheinen … Je ärmer ein Ort ist, desto größer scheint das Verlangen nach Austern zu sein. Sehen Sie hier Sir, hier kommt eine Austernbude auf jedes halbe Dutzend Häuser. Die Straße ist voll mit ihnen. Ich denke, wenn ein Mann sehr arm ist, dann rennt er aus seiner Wohnung und isst regelmäßig Austern aus reiner Verzweiflung." „Sicher tut er das", sagte Mr. Weller der Ältere, „und es ist genau dasselbe mit eingelegtem Lachs!"

Nicht nur Austern, sondern auch noch Lachs als Armenspeise? Aber ja, und nicht erst zu Zeiten von Charles Dickens. So wurde in vielen Verträgen mit Lehrlingen und Hausangestellten in den norddeutschen Hansestätten vom 16. bis ins 19. Jahrhundert ein Absatz aufgenommen, der die Verpflegung regelte und festlegte, dass den Betroffenen nicht öfter als drei bis fünf Mal in der Woche Lachs vorgesetzt werden durfte. Oder Hummer: so entschuldigte sich 1633 der Gouverneur von Plymouth (damals eine neuenglische Kolonie) bei einer Gruppe neuer Siedler, dass man ihnen zur Begrüßung aufgrund einer Nahrungsmittelknappheit nur Hummer anbieten könne. Noch in den 1950er Jahren galt in bestimmten Küstenregionen der USA Hummer als Arme-Leute-Speise, bis durch den zunehmenden Tourismus aus New York Hummer immer teurer wurde. Für die ersten Touristen war das Hummeressen im Urlaub noch ein tolles Schnäppchen, doch mit der zunehmenden Nachfrage, und angesichts der offensichtlichen Wertschätzung durch die Touristen, stieg der Preis bald rapide an. Dies zeigt auch, dass oft der Preis oder die Verfügbarkeit ausschlaggebend für die Einordnung eines Lebensmittels als besonders erstrebenswert sind und nicht primär der Geschmack.

Essen und Trinken gestalten Landschaft

Das bereits erwähnte Beispiel der Wildgehege, Wildparks und Jagdsterne zeigt eine bewusst gestaltete Landschaft, die für die herrschaftliche Jagd wie die herrschaftliche Tafel maßgeschneidert wird. Doch Essen und Trinken gestalten Landschaft auf vielfältige Weise. Auf die grundlegende Wandlung unserer Landschaft durch die Erfindung der Landwirtschaft, des Ackerbaus und der Viehzucht vor etwa acht Jahrtausenden wurde bereits hingewiesen. Seither hat die Produktion von Nahrungsmitteln immer wieder Landschaft verändert und geprägt. Dabei spielen viele Faktoren eine Rolle, etwa auch religiöse Gebote und Vorschriften. Klöster haben als Wirtschaftsbetriebe die Entwicklung der Landschaft stark beeinflusst. Mit ihrer oft mustergültigen Landwirtschaft hatten sie zugleich Vorbildcharakter für die weltlichen Gutsherren. Durch die strengen Fastengebote kann es auch nicht verwundern, dass die Klöster ein besonderes Interesse an der Bereitstellung großer Mengen an frischem und wohlschmeckendem Fisch hatten. So entwickelten sich regelrechte Klosterlandschaften, in denen künstlich angelegte Fischteiche eine große Rolle spielten. Die Spuren davon kann man heute noch etwa in der Klosterlandschaft Heisterbach in der Nähe von Bonn erfahren. Zwar führt nur noch ein kleiner Rest als Zierteich unmittelbar neben dem Kloster Wasser. Die Dämme und Deiche der künstlichen Teiche, die sie verbinden, und die versorgenden Kanäle mit ihren begleitenden Baumreihen zeichnen sich aber noch deutlich in der Landschaft ab.

In Südböhmen und der benachbarten Oberpfalz hat sich bis heute eine einzigartige Teichlandschaft erhalten, die, neben den dort schon vorhandenen natürlichen Teichen, aus einer Unzahl künstlich angelegter Fischteiche besteht. Diese Konzentration verdankt die Landschaft der politischen und sozialen Struktur im Mittelalter, mit vielen adligen Grundherren, die einerseits zur Festigung ihrer Machtstellung und andererseits für ihr Seelenheil eine Vielzahl von Klöstern gründeten. Die günstigen naturräumlichen Gegebenheiten erlaubten die Anlage so zahlreicher Fischteiche, die bald nicht nur der Eigenversorgung der Klöster dienten, sondern auch zu einem wichtigen Wirtschaftszweig wurden. So entwickelten die Klöster hier erstmals Methoden, um in den Teichen auch Frischwasserfische wie Forellen halten zu können. Ein abgeschlossener Weiher ist zwar ein idealer Lebensraum für Karpfen und Hechte, aber Forellen benötigen ein sehr frisches, kaltes und sauerstoffreiches Wasser. Das macht es schwierig, sie und andere Edelfische in Teichen mit stehendem Wasser zu züchten. Erst die Konstruktion von mehreren miteinander verbundenen Teichen, die terrassenartig gestaffelt waren, sowie eine ständige Frischwasserzufuhr ermöglichten die Anlage von Fischteichen, in denen das Wasser frisch und sauerstoffreich genug für die Forellenzucht war.

Diese gestaffelten Teichreihen erlaubten auch eine äußerst effektive Art der Ernte, wenn man große Mengen an Fisch fangen wollte. Man schloss die Wasserzufuhr oberhalb des am niedrigsten gele-

Abb. 6: Teichlandschaft Südböhmen. Die große Zahl der Klöster in Südböhmen führte zur Anlage zahlreicher Fischteiche, die bis heute die Landschaft prägen. Hier ein Fischteich in der Nähe von Nove Hrady.

Abb. 7: Eine typische Alblandschaft im Breisgau. Ohne die Kühe, welche die Almen abgrasen, würde die Almlandschaft ganz anders aussehen, als es unserer Erwartungshaltung entspricht. Wo die Bewirtschaftung der Almen aufgegeben wurde, werden die Almwiesen daher heute oft gemäht, um den Charakter der Landschaft zu erhalten – der einen großen touristischen Wert hat.

genen Teichs und öffnete seinen Abfluss. Durch den mit einem Netz gesicherten Abfluss entwich das Wasser, der Wasserstand im Teich sank, die Fische konzentrierten sich in einem immer kleineren Bereich, bis in der tiefsten Kuhle des Teichs eine quirlige Masse an Fischen im wahrsten Sinne des Wortes geerntet werden konnte. Das Verfahren ließ sich sukzessive mit den weiter oben gelegenen Teichen wiederholen, wobei sich gleichzeitig die tiefer gelegenen Teiche wieder mit Wasser füllen ließen. Eine sparsame und effektive Erntemethode.

Landschaft erhält auch durch die verschiedenen Kulturbäume ihre besondere Prägung. Dabei werden gerade diese durch den Wandel in Anbaumethoden und Arbeitsweise in der Landwirtschaft stark verändert. So waren bis vor 100 Jahren Sorbus-Bäume in der Toskana weit verbreitet. Der Sorbus fand sich vor allem in den Wingerten. Aus den Früchten des Baumes lassen sich Marmeladen und Gelees herstellen, aber auch leckere Edelbrände. Kaiser Karl IV. führte den Sorbus in Böhmen ein. Während er in der Toskana mit der Anpassung des Weinbaus an die modernen Maschinen vollständig verschwunden ist, sind in Böhmen noch Vorkommen vorhanden. Hier hat sich ein Verein gegründet, der diese alten Nutzbäume erhalten, pflegen und wieder verbreiten will. Anlässlich der Feiern zum zehnjährigen Jubiläum der Europäischen Landschaftskonvention des Europarats, die 2000 in Florenz verabschiedet wurde, reiste auch eine Delegation aus Tschechien im Oktober 2010 nach Florenz – im Gepäck zwei junge Sorbus-Bäume. Über Vermittlung von *Civilscape*, einem europäischen Netzwerk von Nichtregierungsorganisationen für die Landschaft (www.civilscape.eu), konnten die beiden Schößlinge an symbolträchtigen Orten gepflanzt werden: einer in einem Weinberg im Chianti-Gebiet auf einem Weingut, das sich dem traditionellen Weinbau verschrieben hat, der zweite Baum wurde in einer nächtlichen Feierstunde im Garten der Villa Romana, dem deutschen Kulturinstitut in Florenz, gepflanzt. So kehrte 500 Jahre, nachdem Karl IV. den Sorbus nach Böhmen gebracht hat, der Baum wieder in seine alte Heimat in der Toskana zurück. Ein besonderes Migrantenschicksal.

Auf diese Weise erhielten viele Landschaften ihre charakteristische Prägung durch die Anpassung an die Bedürfnisse der Nahrungsmittelproduktion. Ob Ackerbauterrassen oder Weinterrassen und Weinberge, die Felder und Wiesen prägen bis heute unser Bild von der Landschaft. Die alpine Landschaft wäre ohne die Almen mit ihren Kühen, Almhütten, Heumandern (dem zum Trocknen über Stangen aufgehäuften Gras) ebenso undenkbar wie ohne die typischen Milchprodukte, den Käse und die deftigen Gerichte, mit denen sich der Wanderer bei der Einkehr in einer der Almhütten stärken kann – Kasnocken in Tirol, Kaiserschmarrn in Salzburg, gebratene Polenta mit geschmolzenem Käse oder fetten Bratwürsten im Trentino, Raclette in der Schweiz. Und wenn es abends auch mal ein Käsefondue sein darf, so hat dies zumindest seine ganz eigene Geschichte, die es sowohl mit religiösen Vorschriften, regional spezifischen Zutaten und nationaler Mythologie verbindet.

Das Käsefondue ist nämlich recht jung. Vorläufer mögen sich allerdings in den Fastenspeisen von Mönchen und in Käsesuppen alpiner Sennhütten finden. Immerhin erzählt bereits Brillat-Savarin eine hübsche Geschichte über einen Geistlichen aus Paris, der gegen Ende des 17. Jahrhunderts zum Bischof von Belley ernannt wurde und der das ihm zur Begrüßung vorgesetzte Fondue für eine Creme hielt – und zum Erstaunen der Einheimischen mit dem Löffel verspeiste. Allerdings besteht das Rezept für ein Fondue, das Brillat-Savarin zitiert, vor allem aus Eiern, die geschlagen werden, und mit Emmentaler von einem Drittel ihres Gewichts, sowie noch einmal halb so viel Butter vermischt werden. Kräftig gepfeffert wird dieses Fondue in der Pfanne zubereitet. Als Schweizer Nationalgericht wurde das moderne Käsefondue jedenfalls ganz bewusst kreiert, und zwar für die Weltausstellung in New York 1939. Von dort kam es in die Schweizer Armeekochbücher und verbreitete sich so in den 50er Jahren in der ganzen Schweiz. Heute sind Schweiz und Käsefondue untrennbar miteinander verbunden, auch wenn man in Savoyen hartnäckig die Erfindung dieses Gerichts für die eigene Region in Anspruch nimmt.

Essen und Trinken gestalten also Landschaft – und wie es sich für Landschaft gehört, die ja beides ist, physische Region und menschliche Imagination, geschieht dies auch auf beiden Ebenen. Die Nahrungsmittelproduktion verändert die physische Landschaft, aber Essen und Trinken bestimmen auch unsere Wahrnehmung bestimmter Landschaften, einzelne Gerichte stehen bildlich für spezifische Landschaften und Regionen. Käse, Fondue und Schweiz – das gehört für uns zusammen. Daneben denken wir bei Käse noch an Frankreich, das stolz ist auf seine vielen Käsesorten. Gouda steht für die Niederlande. In den saftigen Graslandschaften Belgiens gedeihen die Milchkühe prächtig, und die Belgier sind stolz auf ihre vielen Käsesorten, aber in unserer Wahrnehmung ist Belgien eben berühmt für sein Bier, nicht für seinen Käse – da können die Belgier noch so oft betonen, dass es in ihrem Land für jede Biersorte auch eine Käsesorte gibt, also mehr Käsesorten als selbst in Frankreich zu finden wären.

Essen Regional – Global

Vor der Industrialisierung, der Entwicklung moderner Transportwege, des Kühlschranks und des Kühltransports waren die Menschen auch weitaus mehr als heute auf die regionalen Produkte und vor allem die saisonalen Produkte angewiesen. In einer Zeit, in der jede noch so exotische Küche in einer größeren Stadt in einem eigenen Restaurant angeboten wird und alle Lebensmittel der ganzen Welt zu allen Zeiten im Supermarkt oder doch im Delikatessenladen zu kaufen sind, verwischen die Grenzen der Geographie wie der Jahreszeiten. Gerade dies wird aber heute von vielen Menschen auch als ein Verlust an Qualität, ja an Genuss empfunden. Und so finden regionale Produkte, regionale Küchen, der Jahreszeit entsprechende Zutaten in der Slow Food Bewegung einen immer größer werdenden Zuspruch.

Regionale Küche lebt von regionalen Produkten, und die Geographie, die klimatischen und naturräumlichen Bedingungen haben daher einen großen Einfluss auf die regionale Küche. Das macht sie typisch und besonders. Aber natürlich spielen auch historische und kulturelle Faktoren eine große Rolle. Die jüdische Küche etwa wird überall stark von den umfassenden Speise- und Reinheitsgeboten der jüdischen Religion geprägt. Sie bilden einen überregionalen Rahmen, der jüdische Küche überall auf der Welt dominiert. Strenge Speisegebote gibt es natürlich auch in anderen Religionen, dem Islam etwa oder dem Hinduismus. Im Christentum sind sie eher saisonal bedingt, etwa durch die Fastengebote. Diese führten zu teilweise kuriosen Anpassungsstrategien. Weil in der Fastenzeit Fleisch von Vögeln und Landtieren verboten war und nur Fisch erlaubt war, erklärte man kurzerhand die im Wasser lebenden Säugetiere Biber, Fischotter und Robbe zu Fischen – womit sie in der Fastenzeit ungestraft verzehrt werden durften. Zwar erkannte schon der große Theologe und Gelehrte Albertus Magnus im 13. Jahrhundert, dass Robben Säugetiere und keine Fische sind, was er an ihren Zeugungsorganen nachwies, aber die Meinung des Gelehrten verhallte ungehört angesichts einer so bequemen Lösung für das Fastenproblem.

Doch nicht nur religiöse Gebote bestimmen den Speisezettel. Auch wirtschaftliche und technische Entwicklungen haben unser Speiseangebot immer wieder dramatisch verändert. Und so kann man sich auf eine wahre Abenteuerreise der Geschichte, der Kultur und der örtlichen Eigenheiten machen, wenn man den Teller und das Glas vor sich nicht nur als Mittel zum Löschen von Durst und Hunger sieht, sondern als Kulturgut.

So gibt es im Grunde immer zwei regionale Küchen: eine Küche der Oberschicht und eine Küche

Abb. 8: Weingläser spielen eine wichtige Rolle auf den Stillleben holländischer Maler. Das Bild von Jan Davidsz de Heem (1606–1684) zeigt einen Römer mit Beerennuppen aus grünem Glas, wie er in großer Stückzahl im Spessart hergestellt wurde. Dazu geöffnete Austern, eine Orange und eine bereits geknackte Walnuss. Solche Stillleben dienten nicht nur der Freude an der ästhetischen Komposition, sondern sie erinnerten als „Memento Mori" den Betrachter auch an die Vergänglichkeit des Lebens und aller guten Dinge: die köstlichen Austern verderben schnell, die exotische Delikatesse der Orange ist ebenso verderblich, die Nuss ist bereits geknackt, der Wein wird getrunken und das Glas ist zerbrechlich.

der Armen – letztere durchaus auch in sozial und wirtschaftlich bestimmten Varianten, aber doch die Küche der meisten Menschen. Die Küche der Oberschicht war nicht nur reicher, sondern meist sehr viel internationaler, geprägt durch den Austausch von Adligen und Kaufleuten, zünftigen Handwerkern und ehrsamen Bürgern. Doch auch die Alltagsküche wurde im Lauf der Zeit immer wieder von fremden Einflüssen geprägt, die uns heute oft gar nicht mehr als fremd erscheinen. Schließlich war das erste Saatgut der ersten Ackerbauern in Mitteleuropa auch importiert, kam mit der Ausbreitung der neuen Lebensform aus dem Bereich des Fruchtbaren Halbmondes in Vorderasien schließlich auch zu uns. Und wer denkt heute über ein Grundnahrungsmittel wie die Kartoffel nach? Und doch stammt sie aus Amerika, kam erst nach der Entdeckung und schrittweisen Kolonialisierung Amerikas nach Europa – zusammen mit Tomate, Paprika, Mais, Truthahn und Schokolade. Und was wäre die Ungarische Küche ohne Paprika? Was wäre Wien ohne das Kaffeehaus? Und doch kam der Kaffee aus Äthiopien und Arabien mit den Türken nach Europa. Und was wäre England ohne Tee, der aus China zu uns kam. Was wäre Belgien ohne die Schokolade, was wäre Österreich ohne seine Mehlspeisen, für die der Zucker aus Ostasien über Indien und Arabien nach Europa kam. Nationale und regionale Küchen leben also nicht nur von genuin lokalen Produkten. Viele Zutaten, ja selbst Grundnahrungsmittel, sind im Laufe der Zeit aus fernen Weltregionen nach Europa gekommen, haben hier eine neue Heimat gefunden und neue, regionale Spezialitäten ermöglicht.

Auch innerhalb Europas gab es natürlich immer einen regen Austausch. Das römische Reich war ein wahrer Motor der Verbreitung von Lebensmitteln. Wo die Römer auch hinkamen, sie brachten ihr geliebtes Garum mit, jene intensive Fischsauce, die man auch das Ketchup der Römer nennen kann. Ihre hervorragende Logistik mit gut ausgebauten Straßen, wohl organisierten Wegestationen und normierten Fuhrwerken erlaubte es ihnen sogar, ein so verderbliches Gut wie Austern praktisch an jedem Ort des riesigen Römischen Reiches anbieten zu können. So finden sich Austernschalen unter den Abfällen der Legionslager am Hadrianswall (etwa in Vindonissa) ebenso wie in Nida (Frankfurt a.M.) oder in Nordafrika. Wie Holztäfelchen mit Abrechnungen aus Vindolanda in Nordengland zeigen, waren die Austern im „Offizierskasino" des Legionslagers zu kaufen. Sie waren also sicher nicht für alle erschwinglich, aber auch nicht als extravaganter Luxus anzusprechen.

Die Römer verbreiteten auch den Weinbau, brachten ihn in das heutige Frankreich und Deutschland. Davor hatten die Griechen den Weinbau schon im Süden Frankreichs, rund um das heutige Marseille, eingeführt. Und wäre die Rheinromantik denkbar ohne all die Weinberge unterhalb der mittelalterlichen Burgruinen, an denen sich der Rhein vorbeischlängelt? Der berühmte römische General und Feinschmecker Lucullus brachte die ersten Kirschbäume von Asien nach Italien, die Römer kultivierten die Zitrone, die zu einer ikonischen Frucht Italiens wurde. Man denke nur an Goethes Sehnsuchtsgedicht an Italien, das Traumland der Deutschen bis zur Toskanafraktion unserer Tage, jenes Gedicht, das mit den berühmten Worten beginnt: „Kennst Du das Land, wo die Zitronen blühn?" Viele weitere Nutzpflanzen wurden durch die Römer verbreitet und gehören heute zum selbstverständlichen Erscheinungsbild vieler Landschaften.

Apropos Zitronen. Wer in der Umgebung von Florenz die verschiedenen Landsitze der Medici besichtigt, der wird immer wieder auf die Darstellung von Zitronen und anderen Früchten in einer Vielzahl von Varianten und Variationen stoßen. Warum ließen die reichen Handelsherren und mächtigen Herrscher von Florenz ihre Gemächer mit naturkundlichen Studienbildern ausschmücken? Die Medici nutzten ihren umfangreichen Grundbesitz in der reich gegliederten Landschaft der Toskana, um in den verschiedenen Klimazonen von der Küste zu den Gebirgen unterschiedliche Varianten von Zitronen und anderen Früchten anzubauen. In sorgfältigen Studien ließen sie ihre Gärtner herausfinden, welche

Varianten wo am besten gedeihen – und vor allem, zu welchen Zeiten. Daneben ließen sie gezielt neue Züchtungen erproben. So gelang es ihnen weit über die bisher üblichen Zeiten hinaus, die Früchte zu ernten – und früher und später als ihre Konkurrenten mit ihren Produkten die Märkte von Florenz zu beliefern und so ihre Gewinnspanne deutlich zu erhöhen. So erhöhten sie die Anbauflächen, brachten Edelfrüchte in Regionen, in denen diese bis dato nicht gediehen und veränderten mit ihrem Geschäftssinn nicht nur die Landschaft, sondern auch den saisonalen Speisezettel.

Ein schönes Beispiel für die Bedeutung der Migranten unter den Lebensmitteln für die regionale Küche ist der Stockfisch. Aus dem Norden Europas, aus Skandinavien und von den Färöer-Inseln verbreitete er sich über die Seefahrt nach Südeuropa. Die Seefahrer aus Spanien und Italien waren von dem luftgetrockneten Fisch begeistert. Durch den Trocknungsprozess, in welchem dem Fleisch der Fische fast das gesamte Wasser entzogen wurde, wurde der Stockfisch hart, leicht und praktisch unverderblich. Damit war er gut zu lagern und zu transportieren und war auch nach langen Seereisen auf hölzernen Segelschiffen ohne Kühlmöglichkeiten noch problemlos zu genießen. Wurde er gründlich gewässert und gekocht, nahm er das verlorene

Abb. 9: Die Medici betrieben einen großen Aufwand, immer neue Varianten von Obst züchten zu lassen, die in verschiedenen Klimazonen und zu verschiedenen Zeiten reiften. Dazu dienten auch die Orangerien bei ihren Villen, hier der Villa Carreggi bei Florenz.

Abb. 9a: Eine Zitrone aus einem Gewächshaus im wunderbar restaurierten Garten der Villa di Castello in den Hügeln von Florenz.

Wasser wieder auf und war ein hervorragendes Nahrungsmittel – und Salzwasser war auf den Schiffen ja nun wahrlich kein Problem. Während er im Norden als einfaches Grundnahrungsmittel vor allem zu nahrhaften Speisen zubereitet wird (und dies auch auf den Schiffen selbst kaum anders gewesen sein dürfte) so kombinierte die mediterrane Küche den Stockfisch mit dem Reichtum an Gemüsen, Kräutern und Gewürzen, der ihr zur Verfügung steht. So entstanden die schmackhaftesten Rezepte mit Stockfisch in den Küstenregionen des mediterranen Spaniens und in der Seefahrernation Venedig.

Was aber ist überhaupt regionale Küche? Die Antwort auf diese Frage ist so vielschichtig wie die Landschaft, der die regionale Küche zugeordnet ist. Die Region kann sehr groß sein. Wir sprechen völlig unbefangen von der mediterranen Küche. Der Mittelmeerraum ist natürlich riesig, er beherbergt durchaus unterschiedliche Lebensräume und sehr unterschiedliche Kulturen. Er ist aber auch durch den starken Austausch geprägt, den das zentrale Meer, von den ältesten Kulturlandschaften der Welt umgeben, schon seit der Vorgeschichte ermöglicht. Er ist auch geprägt von einem durchaus vergleichbaren Klima und natürlich von der allen Gebieten um das Mittelmeer gemeinsamen Küstenlage. Und was macht nun die mediterrane Küche aus? Da wird wohl jedem sofort das Olivenöl als Basis dieser Küche einfallen. Die Olivenbäume finden sich praktisch überall um das Mittelmeer herum. Sie prägen das Landschaftsbild, und die oft aufwendigen Bewässerungsanlagen in den heißen und trockenen Zonen um das Mittelmeer haben die Kulturlandschaft massiv beeinflusst.

Die mediterrane Küche definiert sich auch durch ihre Zutaten, etwa Gewürze wie Rosmarin und Thymian, wilder Knoblauch und natürlich durch den Reichtum an Fischen und Meeresfrüchten, der aus dem Meer selbst kommt. Zur mediterranen Küche gehört für uns auch der Wein, aber in den islamischen Staaten im Süden und Osten des Mittelmeeres ist dieser heute natürlich nicht mehr Bestandteil der typischen Küche, obwohl schon zu Zeiten der Karthager, Griechen und Römer der Weinbau rund um das Mittelmeer verbreitet war. Dafür hat sich der Kaffee im Gesamtraum verbreitet. Besonders die klassische arabische Zubereitung des Kaffees auf dem Satz ist hier von Nordafrika über die Levante und Türkei bis nach Griechenland, in den Balkan und auch in Teilen Spaniens verbreitet. Nur bei der Benennung des Kaf-

Abb. 10: Stockfisch auf dem Fischmarkt in Oslo. Der typische Stockfisch aus Skandinavien wurde vor allem im Mittelmeerraum zu einer Delikatesse. Man genießt ihn als Bacalhau in Portugal, Bacalao in Spanien, Baccalà oder Stoccafisso in Venedig.

fees sollte der Reisende große Vorsicht walten lassen. In Europa ist diese Art des Kaffees gemeinhin als „Türkischer Kaffee" bekannt. Eine Bezeichnung, die in Arabien und Nordafrika ebenso auf das deutlich zum Ausdruck gebrachte Missfallen des Kellners führt wie in Griechenland. Je nach Region heißt das immer gleiche Getränk also türkischer, griechischer, arabischer, marokkanischer Kaffee – oder neutral Mokka. Wenn man allerdings in Wien einen Mokka bestellt, bekommt man einen Espresso. Also aufgepasst, regionale Küche hat eben auch viel mit der regionalen Kultur zu tun, mit Geschichte, Image, Sprache und ja, auch mit nationalen Vorurteilen.

Essen National

Damit wären wir auch schon bei der nationalen Küche angelangt. Diese geht uns ebenso leicht von den Lippen wie etwa die mediterrane, die afrikanische, die asiatische Küche. All diese Küchen mögen in ihren Großräumen Gemeinsamkeiten und Ähnlichkeiten aufweisen, die sie vor allem im Vergleich mit den anderen Großräumen definieren und abgrenzen, sie sind in sich jedoch gleichzeitig ungeheuer vielfältig und verschieden. Mit der nationalen Küche ist es genauso. Noch stärker als die Küche der Großregionen ist sie zugleich ein bewusstes ideologisches Konstrukt, ein Produkt der Nationalstaatsidee des 19. Jahrhunderts: ein Staat, ein Volk, eine Sprache, ein Glaube, eine Küche – eine Nation. Das hat noch nie gestimmt, entsprach aber der Idealvorstellung des Nationalismus der Neuzeit. Trotzdem haben wir meist auch bei der Nationalküche klare

Abb. 11: Olivenhain in der Toskana. Oliven sind der klassische Fruchtbaum des Mittelmeerraumes. Das Öl der Oliven wurde schon in der Antike nach Herkunft und Qualität genau geschieden, die typischen Transportbehälter, die Amphoren, geben Archäologen heute Aufschluss darüber, woher das Olivenöl stammte, und zeigen, dass man es im ganzen Römischen Reich verhandelte, so dass jeder, der es sich leisten konnte, sein bevorzugtes Öl aus Griechenland, Italien, Spanien oder Nordafrika kaufen konnte.   *Foto: I. Gotzmann*

Vorstellungen – gerne auch eine Mischung aus Tatsachen und Vorurteilen. So ist die englische Küche wenig ansprechend, die französische dagegen großartig, die italienische ist mediterran, die spanische stark gewürzt, die österreichische voller Mehlspeisen, die tschechische schwer und stets von Knödeln begleitet, die deutsche von Sauerkraut und Kohl bestimmt, die russische voller Rote Bete und Sahne, die polnische fleischreich …

Wie sehr die Völker sich untereinander gerade über ihre Essgewohnheiten definieren, zeigt ein Blick auf beliebte, und meist wenig schmeichelhafte, Charakterisierungen. So nannten die Deutschen und Österreicher die italienischen Gastarbeiter der 1960er und 1970er Jahre gerne Spaghettifresser, die

Deutschen ihrerseits wurden von den Franzosen in den Zeiten der „Erbfeindschaft" als Krautfresser bezeichnet, die Engländer und Amerikaner nannten ihre deutschen Gegner noch kürzer einfach „Krauts". Dafür schimpfen Engländer auch heute noch gerne auf Franzosen als „Knoblauchfresser" oder „Schneckenfresser". Der Andere wird also auf sein bestimmendes Grundnahrungsmittel reduziert, obwohl natürlich beileibe nicht alle Deutschen tagaus tagein Kohl und Kraut in sich hineinstopfen und Franzosen auch nicht jedes Gericht mit reichlich Knoblauch würzen. Und die Italiener leben auch nicht nur von Pasta. Bei dem Hinweis auf die Schnecken als Lieblingsgericht der Franzosen geht es dann auch gar nicht um ein Grundnahrungsmittel, sondern um eine besondere Leckerei, die dem auswärtigen Betrachter als ebenso besonders widerwärtig erscheint.

Oft lässt sich die Wahrnehmung der nationalen Küche auf wenige Gerichte reduzieren. Österreich steht für Wiener Schnitzel und Sacher-Torte, Italien für Pizza und Spaghetti, Frankreich für Schnecken und Froschschenkel, England für Pasteten und „Fish ‚n' Chips", Spanien für Paella, Portugal für Mandelgebäck, Polen für Mehlsuppe, Russland für Borschtsch und Blini, Schweden für Elch und Surströmming, Island für fermentierten Hai, Belgien für Pommes und Schokolade. Nicht alle Speisen müssen dabei dem Fremden als lecker erscheinen, fermentierter Fisch erscheint den meisten Betrachtern (hier auch Beriechern) keineswegs als leckere Spezialität, die man unbedingt probieren muss (in anderen Weltgegenden stehen dafür etwa Prärieaustern = Hoden, Schafsaugen, gebratene Insekten oder leckere Maden, Stinkfrüchte und ähnliche Köstlichkeiten).

Apropos Surströmming: für alle Nichteingeweihten sei diese besondere schwedische Leckerei hier kurz vorgestellt. Surströmming ist ein fermentierter Hering, der heute in Dosen verpackt verkauft wird. Markenzeichen der Dosen ist der nach oben gewölbte Deckel, da der Fisch auch noch in der Dose weiter fermentiert und dabei Gase freisetzt. Letztere machen das Öffnen einer solchen Dose auch zu einem besonderen Erlebnis. Es empfiehlt sich, sie nur im Freien und gegen die Windrichtung zu öffnen. Immerhin bestätigte das Landgericht Köln 1984 die fristlose Kündigung einer Mieterin, die Lake aus einer Dose Surströmming im Treppenhaus vergossen hatte – nachdem zur Beweisführung eine solche Dose im Gericht geöffnet worden war. Der Geschmack ist süßlich, die Konsistenz des Fisches eher geleeartig. In Schweden wird Surströmming normalerweise nicht pur gegessen, sondern klein geschnitten mit reichlich fein gehackter Zwiebel und verschiedenen Gemüsen oder Salaten in Fladenbrot eingerollt. Unbedarften Besuchern wird aber schon gerne einmal das pinkfarbene Heringsfilet frisch aus der Dose im Ganzen angeboten – mal sehen, wie der Gast reagiert. Zum Surströmming wird Aquavit genossen. Der professionelle Schwede trinkt ihn nach dem Genuss des fermentierten Herings, dem Laien sei eine gute Quantität Aquavit als Aperitif empfohlen. Wer sich allerdings eine Dose aus Schweden mitnehmen möchte, sollte nicht mit British Airways oder Air France fliegen: diese Luftlinien verbieten die Mitnahme von Surströmming-Dosen wegen möglicher Explosionsgefahr.

Das Fermentieren ist eine einfache Methode, um große Mengen von Fisch zu konservieren. Man mag das Resultat nicht als besonders appetitlich empfinden, aber es ist lange Zeit haltbar und genießbar. Und so hat sich neben den bekannten Methoden des Räucherns, Trocknens und Einsalzens in Schweden diese ganz eigene Art der Konservierung entwickelt. Dabei wurde der Hering ursprünglich in großen Gruben am Strand eingelegt und mit Rasensoden abgedeckt, um so die Fermentation in Gang zu setzen. Solche Gruben zeichnen sich noch heute etwa am Strand von Hallands Väderö, einer Insel vor der südschwedischen Stadt Halmstad, ab. Das Fermentieren von Fisch findet sich aber auch auf Island. Dort wendet man das Verfahren nicht für Heringe, sondern für den Grönlandhai an, das Resultat nennt sich hákarl. Eine Besonderheit ist der isländische kæst skata, der Gammelrochen, bei dem die Fermentation notwendig ist, um im Fleisch gespeicherte Giftstoffe zu neutralisieren.

Im Übrigen gehen auch die bei uns heute so beliebten Sushi auf das Fermentieren von Fisch zur Haltbarmachung zurück. Fisch und Reis wurden zusammen fermentiert, um den Fisch so haltbar zu machen. Das Resultat war ein typischer säuerlicher Geschmack. Im 18. Jahrhundert entwickelte sich daraus in der japanischen Hochküche das moderne Sushi, indem man frischen Fisch mit Reis kombinierte, der mittels Reisessig gesäuert wurde. Schließlich konnte man dem Herrscher, auch wenn er diesen Geschmack noch so sehr liebte, nicht etwas vorsetzen, was als Nahrung der einfachen Bauern und Fischer galt. Man imitierte also den säuerlichen Geschmack des fermentierten Fisches, verwendete aber frischen und qualitativ sehr hochwertigen und teuren Fisch. Das Produkt der kaiserlichen Hofküche wurde schließlich zu dem Markenzeichen japanischer Nationalküche. Wobei nunmehr auch klar sein sollte, dass Sushi nicht gleich Sushi ist. Was da auf dem Band in einem Schnellrestaurant läuft, ist etwas ganz anderes als ein echtes Sushi von ausgewählten Edelfischen höchster Qualität, zubereitet von Küchenmeistern, die allein für die Kunst des Tranchierens Jahre des Trainings benötigen. Die exquisite und teure Hofküche lässt sich in einschlägigen Feinschmeckerrestaurants zum entsprechenden Preis immer noch genießen, während das moderne Sushi wieder da angekommen ist, wo der fermentierte Fisch einmal angefangen hat: in der Alltagsküche.

Abb. 12: Sürströmming ist ein kulinarischer Genuss der besonderen Art. Auf der Insel Halands Väderö lassen sich heute noch in der Nähe des Strandes Gruben erkennen, über deren humusreicher Einfüllung das Gras saftiger und grüner wächst. Sie dienten bereits im Mittelalter der Herstellung des fermentierten Herings.

Bei nationalen Küchen kann die Binnenwahrnehmung natürlich von der Außenwahrnehmung abweichen. Kaum jemand wird die eigene Nationalküche als schlecht empfinden, das Vorurteil der Außenstehenden kann sie aber recht einhellig als wenig genussvoll abstempeln. Dies trifft besonders auf die englische Küche zu, egal ob man von Frankreich oder Deutschland auf sie blickt. Obwohl die preußisch/deutschen Ikonen Bismarck (der eiserne Kanzler) und Blücher (Marschall Vorwärts) gleichermaßen von den riesigen Portionen an Fleisch von hoher Qualität, die man ihnen in England vorsetzte, begeistert waren. Allerdings findet sich das gängige Vorurteil gegenüber den Engländern als kulinarischen Waisenknaben schon bei dem genialen Autor des kulinarischen Genusses, Brillat-Saverin. In seiner Physiologie des Geschmacks beschreibt er ein eigenes Erlebnis, das er auf einer Reise in Frankreich hatte. Als er mit seinen Freunden abends spät in ein Gasthaus kam, konnte ihm der Wirt kein großes Abendessen versprechen. Es sei aber eine Gesellschaft von Engländern angekommen, die ein Reh mitgebracht hätte, das er für sie zubereite. Dem Gesetz entsprechend durfte der Wirt den Saft des Rehs als Bezahlung für die Zubereitung behalten. Das Reh wurde nämlich am Spieß am offenen Herd gebraten, darunter war ein Bräter aufgestellt, in dem der herabtropfende Saft aufgefangen wurde. Brillat-Saverin war damit sehr einverstanden. Mit seinen Freunden begab er sich auf sein Zimmer, schlich dann aber mit einem Federmesser bewaffnet in die Küche und nutzte einen unbeobachteten Moment um dem Tier am Spieß zahlreiche kleine Wunden zuzufügen. Aus diesen tropfte nun der Saft fleißig in den Bräter. Mit boshaftem Vergnügen erzählt er weiter, wie er und seine Freunde auf ihrem Zimmer die dicke, sämige Sauce mit Eiern und Brot verzehrten, die, wie er sich ausdrückt, Essenz des Rehs, während sich die törichten Engländer unten in der Gaststube mit den trockenen Fasern begnügen mussten.

Doch auch der Autor dieser Zeilen ist mit jener Charakterisierung englischer Küche aufgewachsen, die in einem Asterixheft einmal so schön in der Äußerung der britischen Hausfrau zusammengefasst wird: „Ich nehme nur kochendes Wasser. Ich finde, es gibt einen guten Geschmack zu allem." Erfahrungen mit der eigenen Taufpatin wie mit der englischen Gastfamilie im Schüleraustausch führten zu demselben Ergebnis im (ungewollten) Selbstversuch. Da wurden Fleisch wie Gemüse im gewürzlosen Wasser solange gekocht, bis alles eine einheitlich gelb-bräunliche Farbe und gummiartige Konsistenz angenommen hatte und jeder Geschmack verschwunden war, was dann durch die reichliche Zugabe von Pfefferminzsauce (traditionelle englische Küche der Taufpatin) oder Ketchup (moderne englische Küche der Gastfamilie) im wahrsten Sinne des Wortes übertüncht wurde. Und dann noch die eigenwillige Sitte, auf Pommes frites reichlich Essig zu spritzen – ein Erlebnis der besonderen Art.

Auch die Zusammenstellung der Speisen konnte eigenwilliger nicht sein. Etwa während meines Studiums in Southampton in der Kantine der Uni, wo grundsätzlich jedem Gericht ein kräftiger Schlag Chips (Pommes frites) beigefügt wurde. Da hatte sich der Gaststudent aus Österreich schon an das Ritual gewöhnt: Man steht in der Schlange, liest die vier Tagesgerichte (schon 1986 übrigens immer auch ein vegetarisches), dann nannte man dem ersten weißberockten und weißbehaubten guten Geist hinter der Theke seinen Wunsch. Dieser nahm einen großen Teller vom Stapel, reichte ihn dem nächsten Helfer zusammen mit der Angabe der Bestellung. So ging der Teller von Hand zu Hand, wobei jeweils ein Klacks Fleisch, Gemüse, Sauce dazu kam. Ganz am Ende der Schlange stand der letzte Helfer und schaufelte dann noch die völlig unveränderlichen und unverzichtbaren Chips auf das ganze Ensemble. Dann kam der große Tag, zum ersten Mal Spaghetti Bolognese. Diese bei Nummer 1 bestellt, Nummer 2 packt reichlich Spaghetti auf den Teller, Nummer 3 gießt großzügig Fleischsauce darüber und fragt freundlich ob man denn auch gerne Käse darüber haben wolle (Parmesan, wollen Sie den wirklich?) und Nummer 4 schaufelt in gewohnter Selbstverständlichkeit, ganz ohne zu fragen, die Chips auf den Teller. Da saß er nun, der verblüffte Österreicher, und versuchte aus seiner Portion Spaghetti Bolognese die Chips wieder herauszufischen, während die englischen Kommilitonen unbefangen über ihre Chips, die sich mit Nudeln und Fleischsauce vermischten, kräftig Essig gossen – Kommentar überflüssig.

Und dann jenes Erlebnis des jugendlichen Autors, der während eines Sprachurlaubs einmal Brighton besuchte und dort am Strand auf eine Burger-Bude stieß. Da wurde als Spezialität ein Burger mit gerösteten Zwiebeln angekündigt. Und tatsächlich, während der Burger auf der Platte brutzelte und das Brot angewärmt wurde, schüttete der Koch eine große Handvoll geschnittener Zwiebeln in die Bratpfanne. Der verführerische Geruch frisch gebratener Zwiebel stieg auf, sie nahmen eine wunderbar goldgelbe Farbe an, das Wasser im Munde lief dem gespannt wartenden Hungrigen zusammen. Und dann fährt plötzlich eine silbrig blitzende Zange herunter, fasst die köstlich duftenden Zwiebeln, eine Hand erfasst den Deckel eines großen Topfes, der vor sich hin simmert, und im nächsten Augenblick werden die Zwiebel in das kochende Wasser getaucht – und tauchen bleich, glibbrig und traurig tropfend wieder auf. Lieblos in das Brötchen mit dem Burger geklatscht, werden sie dem schreckensbleich erstarrten Kunden in die Hand gedrückt, der, immer noch benommen, zum Strand schreitet und mit tragischer Mine den Burger den Möwen opfert – vergeblich, auch die Möwen verschmähen die gummiartige Substanz.

Und doch, Vorurteile, selbst wenn durch Erfahrung bestärkt, halten zwar warm, wie ein schöner Buchtitel behauptet, aber sie sind eben doch nur das: Vorurteile. Die Jury hat sich zurückgezogen, das Urteil ist aber noch lange nicht gesprochen. Und so kann man auch in England eine wunderbare Küche erleben. Als Student durfte ich dies in unserer Wohngemeinschaft erleben, wo englische Studentinnen ein traditionelles Christmas Dinner zauberten, das noch Jahrzehnte später in bester Erinnerung ist. Selbstgemachte Pasteten, gebratene Gans, selbst gemachte Bratwürstchen, eine wahrhaft wohlschmeckende und wonnig duftende Minzsauce (ja, auch die berühmt-berüchtigte Minzsauce kann ein Genuss sein), und ein flambierter Plumpudding mit Custard (klingt fast wie Mustard, ist aber kein Senf, sondern ein leckerer Weinschaum), dazu die in England so beliebten Tischfeuerwerke, englisches Ale, französischer Wein und österreichischer Eiswein zum Dessert – ein wahres Festmahl. Und natürlich durften neben den englischen Spezialitäten zur Weihnachtszeit die Weine und der Käse aus Frankreich nicht fehlen. Kompliziert waren die Beziehungen zwischen England und Frankreich durch die ganze Geschichte, aber eben auch eng. Und dem Engländer gilt Goethes Wort aus dem Faust ebenso wie dem Deutschen zu Goethes Zeiten: „Was ein echter Deutscher ist, der mag den Franzen nicht, doch seine Weine liebt er sehr!" Gebratene Lammschulter, Pasteten in allen Varianten, Yorkshire Pudding und für den bekennenden Freund von Innereien Saure Nierchen, Steak and Kidney Pie und Black Pudding – ein Genuss. Und man kann den Tag nicht besser beginnen als mit einem echten, guten englischen Frühstück (und man vergesse die aufgewärmten Baked Beans und glibbrigen Buttertoasts, die aufgeweichten Cornflakes oder den klebrigen Porridge des Hotelfrühstücks, das englisch wie kontinental nur selten wirklich gut ist).

Unter den Vorurteilen und Verkürzungen der klischeehaften Nationalküche hat etwa auch die italienische Küche zu leiden. Selbst in Österreich, einem Land, das ja historisch eng mit Italien verbunden ist, entdeckte man die italienische Küche erst in den 1950er und 1960er Jahren (neu), als die ersten Touristenströme über die Alpen nach Italien aufbrachen, auf dem Puch-Roller oder, wie die deutschen Nachbarn der Wirtschaftswunderzeit, schon im VW. Zum italienischen Nationalgericht wurden die legendären Pasta asciutta, sprich Spaghetti Bolognese, mit reichlich geriebenem Parmesan aus der Tüte darüber. Später entdeckte man dann auch noch die Pizza. Doch wie italienisch sind diese Gerichte wirklich?

Das typische Nationalgericht eines Landes kann sich mit der Zeit natürlich ändern. Nudeln waren in Italien schon im Mittelalter bekannt. Sie waren aus China über die Handelsstraßen Asiens und die arabische Welt nach Italien gekommen, schon lange vor Marco Polo. Die Legende will zwar, dass er die Nudeln nach Italien mitgebracht hätte, aber tatsächlich verglich er in seinem Reisebericht die Nudeln in China mit den ihm bereits bestens bekannten Makkaroni. Nur die aus Reismehl hergestellten Nudeln lösten seine Verwunderung aus. Casanova berichtet über die Makkaroni-Clubs in italienischen Städten, Gesellschaftsclubs, in denen sich im 18. Jahrhundert die gute Gesellschaft traf und deren Satzung meist nur eine einzige Verpflichtung kannte: das regelmäßige gemeinsame Makkaroni-Essen. Dennoch waren nördlich der Alpen die Italiener lange Zeit eher für ihre Minestrone, die Gemüsesuppe, bekannt, die ein Grundnahrungsmittel für viele ärmere Menschen war. Im 19. Jahrhundert waren vor allem die Norditaliener für die Polenta berühmt, jenes gekochte und gelegentlich auch gebackene Gericht aus Maisgrieß, das seinen Namen von dem größten Fluss Italiens hat: „Po lenta", der zähflüssige Po. Damit wird nicht nur auf das Hauptanbaugebiet des Mais verwiesen, es ist auch eine Anspielung auf die lehmbraune Farbe des Po, der vor allem in seinem riesigen Delta lehmschwer und zähflüssig ist. Vor allem die Arbeiter aus Norditalien, die im 19. Jahrhundert in Deutschland beim Bau der Eisenbahn eingesetzt wurden und oft in Gruppen von Angehörigen jeweils eines Dorfes für einen großen Teil des Jahres unter ärmlichsten Bedingungen auf den Baustellen der Eisenbahnen hausten, ernährten sich fast ausschließlich von Polenta, deren einfache Zutaten sie von zu Hause mitgebracht hatten, um möglichst wenig von ihrem kargen Lohn zu verbrauchen, mit dem sie die Familien zu Hause unterstützen wollten. Polentafresser war der nicht gerade freundliche Spitzname, den sie dafür bekamen, so wie 100 Jahre später der Spitzname Spaghettifresser für die Italiener aufkam. Du bist was Du isst – und vor allem die anderen beurteilen Dich gerne danach.

Eine weitere italienische Spezialität ist das Risotto. Wie bei der Polenta kommt der Hauptbestandteil dieses Gerichts aus exotischer Ferne. Kam der Mais aus Amerika nach Europa und damit auch nach Italien, so kam der Reis aus China. Allerdings wurde der Reis schon sehr viel früher in Italien heimisch. Schon die Römer kannten den Reis, und im Mittelalter wurde er bereits in der Po-Ebene in größerem Umfang angebaut. Der italienische Reis ist ein Rundkornreis, der sich von den meisten asiatischen Varianten dadurch unterscheidet, dass er sehr lange gekocht werden kann, ohne dabei vollständig zu zerkochen. Er behält auch nach einer langen Garzeit noch seinen Biss. Dies ist die Voraussetzung für das Risotto, bei dem Reis in einer Brühe gegart wird und durch die langsame Zubereitung sehr viel Stärke freisetzt, die dem Risotto seine typische Sämigkeit verleiht. Einer der bekanntesten italienischen Filme, „Bitterer Reis" von 1949, schildert die Armut und das Elend der Saisonarbeiter, die in den Reisfeldern der Po-Ebene arbeiteten. Wie in China auch, war die Arbeit in den überschwemmten Reisfeldern hart und schlecht bezahlt. Wer heute ein Risotto in einem schicken Restaurant mit Trüffeln oder Meeresfrüchten genießt, wird kaum daran denken, wie sehr die Herstellung der Nahrungsmittel in der Vergangenheit mit harter Knochenarbeit und Ausbeutung einherging. Eine Feststellung, die, zumindest in vielen Weltgegenden, auch heute noch zutrifft, von Fragen der Massentierhaltung, dem Einsatz von Kunstdüngern und Pestiziden, der Spekulation mit Nahrungsmitteln, der Diskussion über Genveränderungen und Patente auf Leben und anderen Begleiterscheinungen moderner Marktwirtschaft einmal ganz abgesehen.

Doch zurück nach Italien. Heute gilt die Pizza den Europäern als geradezu das traditionelle Gericht Italiens (auch den Amerikanern, soweit sie nicht davon überzeugt sind, sie hätten die Pizza selbst erfunden).

Dabei ist die Pizza gar nicht „italienisch", sondern neapolitanisch – sie gehört eigentlich zur regionalen Küche. Dabei zugleich zur Cucina Povera, der Armeleuteküche: ein Fladenbrot, belegt mit Resten. In allen möglichen Varianten findet sich diese Kombination daher auch in vielen anderen Regionen. Die Pizza Margherita, benannt nach der Königin Margherita, der Gattin des ersten gesamtitalienischen Königs Umberto I., wurde tatsächlich zum italienischen Nationalgericht – im wahrsten Sinne des Wortes. Nicht, weil dieses einfache Gericht so wunderbar schmecken würde, nein aus ganz patriotischen Gründen. Die Pizza, beschichtet mit Tomatensauce, darauf mit Mozzarella und Basilikum belegt, spiegelt schlicht die Farben der italienischen Trikolore wieder: Rot, Weiß und Grün. Ihr Genuss war also weniger ein kulinarischer, als vielmehr ein nationalistisches Bekenntnis zum einigen Italien unter einem italienischen König (auch wenn dieser aus Savoyen kam, und da kann man sich über das „italienisch" durchaus streiten). So wurden im 19. Jahrhundert farblich passende Gerichte in Italien populär – unabhängig vom Geschmack. Die italienische Küche ist also eine nationale Fiktion, sie besteht tatsächlich aus unzähligen Regionalküchen ganz unterschiedlicher Prägung, aus der international ausgerichteten venezianischen Küche, der alpin dominierten trentinischen und friaulischen, der mondänen Mailänder Küche, der würzigen toskanischen,

Abb. 13: Ein Blick in das Schaufenster eines Lebensmittelgeschäfts in Florenz zeigt die Verbindung von heimischen und fremden Nahrungsmitteln zur regionalen Küche: da liegen Steinpilze, Salbei und Rosmarin auf einem Teller aus florentinischer Majolika, toskanischer Käse liegt neben prallen Zitronen und rot leuchtenden Tomaten, die einst aus Amerika importiert wurden – ohne die man sich die toskanische oder auch allgemein die italienische Küche aber nicht mehr vorstellen kann.

der römischen Küche, die wieder in eine genuin römische Cucina Povera (mit gefüllten Schweinsfüßen und Linsen etwa als traditionellem Neujahrsgericht) und eine durch das Papsttum, das Kardinalskollegium und die vielen Botschaften in Rom dominierte Spitzengastronomie internationaler Prägung zerfällt. Die Küche des südlichen Italiens, Neapels und der Campagna unterscheidet sich davon ebenso dramatisch, wie die insular sehr spezifischen Küchen Siziliens (mit all ihren Einflüssen von Karthagern, Römern, Arabern, Normannen, Franzosen, Spaniern) oder Sardiniens.

Das gleiche gilt für die österreichische Küche. Die von außen wahrgenommene österreichische Küche ist tatsächlich eine Wiener Küche. Diese Küche ist als Küche der Residenzstadt Wien international, vor allem geprägt von allen Regionen der Donaumonarchie – und natürlich eine Oberschichtenküche. Das berühmte Wiener Schnitzel kam mit Feldmarschall Radetzky 1849 aus Mailand. Es ist eigentlich eine Piccata Milanese, wobei der Umhüllung aus Ei und Mehl in Wien die Semmelbrösel beigefügt wurden. Als Kalbsschnitzel besteht es aus dem wertvollsten Fleisch. Schließlich wurden Nutztiere bis hoch in das 20. Jahrhundert so lange wie möglich wirtschaftlich ausgebeutet, bevor sie geschlachtet und gegessen wurden. Jungtiere zu schlachten war unökonomisch und das Fleisch entsprechend teuer und nur wenigen Menschen zugänglich. Die goldgelbe Panade ist eine Referenz an die goldene Küche des Barock, die sich noch im 18. Jahrhundert an den fürstlichen Höfen großer Beliebtheit erfreute. Dabei wurden Speisen mit einer hauchdünnen Folie aus Blattgold überzogen, um sie „aufzuwerten". Das Gold ist völlig geschmacksneutral und verursacht auch keine Beschwerden, es sei denn, dass sich die dünne Folie zwischen den Zähnen verfängt. Diese Sitte, die übrigens heute in neureichen Kreisen wieder groß in Mode kommt, diente ausschließlich der Repräsentation und Prachtentfaltung. Die Panade war da geschmacklich eine deutliche Verbesserung.

Zu den besonderen Gerichten dieser repräsentativen Küche gehört auch der berühmte Tafelspitz, der vom kurzen Spitz des Schwanzstücks vom Rind hergestellt wird. Vom fleischreichen Zuchtrind ist dies das beste Fleisch überhaupt, ein ausgewachsenes Rind ergibt gerade einmal acht Portionen. Auch hier ist der Preis also sehr hoch. Dass man nun ein Fleisch, das sich hervorragend kurz abbraten lässt und dabei einen saftigen Genuss bietet, ausgerechnet kocht, also langsam gart wie ein eher zähes Fleisch, das nur auf diese Weise genießbar gemacht werden kann, erzeugt nicht nur ein einzigartig zartes Gericht, das auf der Zunge zergeht, es ist auch eine deutliche Botschaft: seht her, wir können es uns leisten, das beste und teuerste Fleisch auf eine solch einfache Art zuzubereiten.

Die Wiener Küche vereinigt in sich Elemente der italienischen, böhmischen und ungarischen Küche und nahm daneben natürlich auch Anregungen aus der spanischen oder französischen Hofküche auf. Dabei wurden die ursprünglichen Gerichte natürlich auch verändert. So wie sich das Mailänder Schnitzel zum Wiener Schnitzel wandelte, ist ein Wiener Gulasch eher mit dem ungarischen Pörkölt zu vergleichen, das ungarische Gulasch dagegen näher mit der österreichischen Gulaschsuppe verwandt. Die böhmischen Knödel erfuhren in Wien eine Adaption als Serviettenknödel. Die österreichische Küche spiegelt somit die Zusammensetzung der alten Donaumonarchie wider, und sie ist eine stark vom kaiserlichen Hof geprägte Haut Cuisine. Die regionalen Küchen Österreichs unterscheiden sich davon stark. In Tirol ist die Küche mit Speckknödeln oder Kasnocken stark bäuerlich geprägt, die Schlutzkrapfen haben ihren Ursprung in Südtirol. Die beliebten heißen Maronen zum Heurigen verweisen natürlich schon auf die südlicheren Gefilde Italiens, in welche die Weinberge Südtirols sanft auslaufen.

Essen Regional

Die wahre Vielfalt der Küche liegt also in der regionalen und lokalen Küche. Für den aufgeschlossenen Reisenden bietet sie eine unendliche Fülle der Entdeckungsmöglichkeiten. In einer Mischung aus regionalen Besonderheiten wie iberischen Schweinen, den halbwilden Schweinen auf Korsika, bestimmten Fischen, die nur zu einer bestimmten Jahreszeit genau vor Malta auftauchen, alten Apfel- oder Quittensorten, den zahlreichen Varianten von Trüffeln und all den vielen, vielen anderen lokalen Eigenheiten plus den Einflüssen von außen, die durch Handelsbeziehungen, Kriege und Besatzung, Heiraten und politische Allianzen in die Regionen eingedrungen sind, ergeben sich Kombinationen von einer geradezu unüberschaubaren Fülle. Nicht jede dieser Eigenheiten muss kühne Reisende zwischen den kulinarischen Welten begeistern, aber sie tragen zum Lokalkolorit bei, und zur regionalen Identität. Sie bekommen ihren besonderen Reiz, ihren wahren Wert erst durch die Kenntnis der Geschichte, die hinter den Gerichten steht, die sie einzigartig und für die Region typisch machen.

Wer in den Gebirgsregionen des Trentino etwa in einem Bergdorf Halt und Rast macht, kann dort einen Kaffee mit Rotwein angeboten bekommen. Nicht etwa nebeneinander auf ein Tablett gestellt, um abwechselnd oder nacheinander davon zu nippen. Nein, der Rotwein ist mit dem Kaffee vermischt. Eine solche Mischung würde man auch als unbefangener Gastrotourist nicht unbedingt bestellen, wäre da auf der Speisekarte nicht noch eine kleine Geschichte dazu aufgeführt. Die Felder liegen hier oft weit vom Dorf entfernt, wobei der Weg auch mit der Überwindung nicht unerheblicher Höhenunterschiede verbunden ist. So haben die Bauern im 19. und frühen 20. Jahrhundert diese Mischung von Rotwein, Kaffee und Zucker zur Stärkung in einer gepolsterten Kanne mit aufs Feld genommen. Die Mischung aus Koffein, Alkohol und Zucker hatte eine überaus anregende Wirkung – kurzum, dies war der lokale „energy drink" des vergangenen Jahrhunderts. Solches wissend, bestellt man das Getränk, findet es trinkbar, entscheidet, dass man es nicht gerade zu seinem neuen Favoriten machen und zuhause auch nicht unbedingt nachmachen wird, aber findet es interessant und anregend und wird das Erlebnis ganz bestimmt wiederholen, wenn man das nächste Mal in die Gegend kommt.

Wein und Landschaft

Damit kommen wir vom Essen zum Trinken, denn schließlich hält nur beides gemeinsam Leib und Seele zusammen. Und wenn wir vom Trinken sprechen, so müssen wir natürlich mit dem edelsten Trank beginnen, dem ultimativen Repräsentanten von Landschaften und Schöpfer von Landschaften: dem Wein.

Wein ist in Flaschen abgefüllte Landschaft. Schon das Entkorken einer Flasche Wein ist ein sinnliches Vergnügen – das charakteristische „Plopp", mit dem der Korken aus dem Hals der Flasche gleitet, der Blick auf die Innenseite des Korkens, auf das lebendige Material, das den Betrachter an die blutroten Korkeichen in Spanien oder Portugal erinnert, kurz nachdem die Borke geschält wurde. Der Anblick der gebogenen Korkrinde, die zum Trocknen aufgestapelt in der Hitze des mediterranen Mittags liegt, der Geruch, der sich mit dem Duft von Rosmarin, Baumharz und wildem Knoblauch mischt. Obwohl, längst sind viele Weine nicht mehr mit den klassischen Korken versehen. Kunststoffkorken imitieren zwar noch das ploppende Geräusch beim Öffnen der Flasche, vermitteln aber nicht mehr den sinnlichen Eindruck des echten Korkens. Dafür haben etwa in Franken viele Flaschen nun einen edlen Glaskorken erhalten, österreichische Weine sind weitgehend auf praktische Drehverschlüsse umgestiegen. Allerdings prunken die Frankenweine immer noch mit den traditionellen Boxbeuteln, und im Elsass füllt man den Wein in die charakteristische schlanke Bouteille – die auch immer noch mit edlem Naturkork verschlossen wird. So zeigen fränkische Winzer, dass sie Tradition mit Moderne verbinden, getreu dem bayerischen Motto von Laptop und Lederhosen; österreichische Winzer, dass ihre Qualitätsweine nach dem Weinskandal von 1985 inzwischen nicht nur ausgezeichnet (im wahrsten Sinne reich prämiert), sondern auch modern und zeitgemäß sind, während man im Elsass auf ungebrochene Tradition setzt, bei den Weinsorten wie bei der Verpackung. Allein Flasche und Korken vermitteln also bereits eine Botschaft, die dem Image der jeweiligen Weinregion entspricht. Oder doch zumindest dem gewünschten, erhofften, nach außen so gerne vermittelten Image.

Der Pinot Noir aus dem Elsass ist unverwechselbar in seiner leichten Fruchtigkeit, ganz anders als jeder andere Spätburgunder aus Frankreich oder Deutschland. Ein Rotwein, der sich auch gut im Sommer trinken lässt, gerne gekühlt, ein frischer und aparter Kontrast zum schweren elsässischen Essen. Dagegen scheinen die fruchtig süßen Weißweine des Elsass geradezu als Spiegelbild von Backehoffe (ein mit reichlich Weißwein zubereiteter Eintopf aus verschiedenen Fleischsorten), Chourcroute (Sauerkraut), Grundbernkichle (Kartoffelkuchen, Reiberdatschi – von Grundbirne = Erdapfel = Kartoffel), Flammkuchen und Zwiebelkuchen – die Edelzwicker, Rieslinge und natürlich die schweren Gewürztraminer, die auch hervorragend mit der französischen Gänseleberpastete harmonieren. So bildet das Elsass mit seinen Gerichten, Weinen und natürlich auch mit seinem Bier wahrhaftig eine Brücke zwischen Deutschland und Frankreich.

Der Rotwein in der großen Korbflasche, ob er sich nun Chianti nannte oder anders, wurde in den 1950er und 1960er Jahren geradezu zum klassischen Mitbringsel der Deutschen und Österreicher von ihrem obligatorischen Italienurlaub. Bibione und Caorle, Umbrien und die Toskana, Sonne, Strand, Kultur, Ruinen, Pizza und Pasta und italienischer Rotwein. Die bauchige Flasche in ihrem Bastrock wurde zum Symbol für die Italiensehnsucht der Deutschen. Egal, wie ihr Inhalt schmeckte, er schmeckte immer nach Sonne, Strand und Amore. Und die Flasche wurde nicht etwa weggeworfen (der grüne Punkt war auch noch nicht erfunden), sondern recycelt – umgewandelt zum Kerzenhalter, auf dem die Tropfkerzen gepfropft wurden wie einst der Korken, bis sich der Körper ganz mit bunten, knubbeligen Wachssträhnen bekleidet hatte, unter denen der Bast wie ein voluminöser Unterrock hervorlugte. Italienische Lebensfreude und deutsche Gemütlichkeit in einem symbiotischen Verhältnis auf den Esstischen deutscher Partykeller, Weinkeller und Gaststuben.

Weine vermitteln die Charakteristika der Region, in der sie gewachsen sind. Boden, Wasserhaushalt, Sonneneinstrahlung und Durchschnittstemperaturen beeinflussen den Geschmack ebenso wie die spezifischen Traditionen des Rebschnitts, der Erntemethoden und des Ausbaus im Keller. So transportieren sie nicht nur naturräumliche, sondern auch kulturelle (und natürlich auch wirtschaftliche) Botschaften. Weine können geradezu einen Nationalcharakter haben: der stolze Grand Cru aus Frankreich, der feurige Spanier, der melancholische Portwein, oder der österreichischste der österreichischen Weine, der Grüne Veltliner. Der hält sich an die Charakterisierung von Franz Grillparzer: „Zwei Seelen wohnen ach in meiner Brust". Er erscheint von blassgelb über strohfarben und grünlich schilffarbig bis goldgelb, mal fruchtig voll, mal spritzig leicht, aber immer mit dem typischen „Pfefferl" im Abgang – temperamentvoll, widersprüchlich, immer für eine Überraschung gut und doch unverwechselbar.

Wein ist ein Produkt der Landschaft und damit auch ein Produkt der Geschichte. Anbaumethoden, Ausbau und Lagerbehältnisse ändern sich mit der Zeit, neue Sorten werden entwickelt, alte verschwinden, neue Methoden der Veredlung werden erfunden. Heute reift der Wein nicht mehr in Dolia, riesigen Keramikbehältnissen, wie bei den antiken Griechen und Römern, wird nicht mehr in Amphoren transportiert und gelagert. Aber manche Dinge ändern sich auch nie. So zählt der römische Gelehrte und Autor Plinius der Ältere in seiner Naturgeschichte über 60 Substanzen auf, mit denen sich der Wein verändern, verfälschen und sein Geschmack manipulieren lässt. Manche der von ihm genannten Methoden der Aufbesserung billiger Massenweine zu teuren, edlen Tropfen muten so modern an, als wären sie aus dem Handbuch heutiger Weinpanscher entnommen. Nur ein chemisches Zerlegen und Neuzusammensetzen der Weinaromen, wie bei manchen amerikanischen Produkten, scheint da wirklich

Abb. 14: Marillen (Aprikosen) und Weinbau prägen die Wachau, eine alte Kulturlandschaft an der Donau in Österreich. An den steilen Hängen des Städtchens Weißenkirchen gedeihen sie sogar mitten in der Stadt.

eine Neuerung moderner Wissenschaft zu sein – und keineswegs zum Vorteil des Kulturguts Wein.

Dafür haben sich manche ungewollten Geschmacksveränderungen bis heute als beliebte und regional typische Spezialitäten erhalten. Im antiken Griechenland wurden Amphoren für den Transport des Weins in den schaukelnden Segelschiffen geharzt. Dies machte den Wein haltbarer und verhinderte das Umkippen des Weins, der somit unverkäuflich geworden wäre. Der typische harzige Geschmack dieser Weine war ein ungewollter, unvermeidbarer Nebeneffekt, den man angesichts der guten konservatorischen Ergebnisse in Kauf nahm. Heute steht der Retsina, der ganz ohne technische Not geharzt wird, wie kein anderer Wein für Griechenland und versetzt den Besucher eines griechischen Restaurants in München wie in Herne unvermittelt zurück in den letzten Griechenlandurlaub. Der typische Geschmack wird zum Trigger für angenehme Urlaubserinnerungen.

Portwein verdankt seine Süße vor allem dem Zusatz von Branntwein nach der Gärung. Dieser Zusatz machte den Wein transportfähiger, erhöhte seinen Alkoholgehalt und veränderte den Geschmack. Da bei dem Transport zunehmend großer Mengen von Wein aus Spanien und Portugal nach England im 17. Jahrhundert ein großer Teil verdarb, wurde dieser verstärkte und wesentlich besser zu transportierende Wein zum Hauptexportgut nach England – und Port zu einem Markennamen für süße Dessertweine. Oder denken wir an den Rotspon in Hamburg, einem ursprünglich nach dem Schiffstransport in die Hansestädte Norddeutschlands dort zur Flaschenreife weiter ausgebauten französischen Rotwein. Er hatte durch die lange Reise ebenso wie die Lagerung in den Eichenfässern seinen Geschmack stark verändert und gilt heute noch als eine besondere Spezialität. Nicht billig, denn ein echter Rotspon muss einen Teil seiner Reifung in Fässern auf Schiffen erlebt haben.

Wein ist aber nicht nur ein Produkt der Landschaft, er formt und gestaltet auch seinerseits Landschaft. Die Hänge an Main, Rhein und Mosel wären ohne die Weinbergterrassen mit ihren typischen Trockenmauern, die Weinberghäuschen und natürlich die Weinreben, die sich vom Fluss hinauf über den Abhang erstrecken, nicht jene romantischen Traumbilder der Reisenden und Touristen der vergangenen zwei Jahrhunderte. Die Toskana wurde von den Weinbergen, den Bewässerungssystemen und den Gutshöfen der Weinbauern ebenso geprägt wie Niederösterreich oder das Burgenland durch die langgestreckten Weindörfer mit ihren Kellergassen, die Wachau durch ihre Weingärten an der Donau mit den Weinbergpfirsichen zwischen den Rebkulturen.

Auf den Kanarischen Inseln fanden antike Weinbaumethoden zu neuen Ehren, indem man Weinreben in künstliche Kuhlen pflanzte, die die Feuchtigkeit aus dem ständigen Nebel der mittleren Höhenlage der Insel speichern. Die Reben tief herunter gebunden, um sie vor zu starker Sonneneinstrahlung zu schützen und die Feuchtigkeit optimal zu nutzen, der Boden der Kuhlen mit vulkanischem Kies beschüttet, der die Sonne reflektiert und zusätzlich Wasser speichert, so entsteht hier ein ganz eigener Wein, der in dem kanarischen Malvasier seinen berühmtesten Vertreter findet. Die Malvasier Traube wurde schon Ende des 15. Jahrhunderts, nach der vollständigen Eroberung der Inseln durch die Spanier, von Kreta auf die Kanaren gebracht. Als Mess- und Taufwein wurde er von den spanischen Konquistadoren von den Kanaren mit nach Amerika genommen. Zugleich fand er seinen Weg als Spitzenwein an die europäischen Fürstenhöfe – aber auch in die englischen Kolonien in Amerika. Allerdings führten die Kriege zwischen England und Spanien hier bald zu Importbeschränkungen und Strafzöllen.

So änderten sich die Bedingungen für den Weinbau auf den kanarischen Inseln, die übrigens noch so manche andere Monokultur erlebten, die von Vertretern fremder Handelsinteressen auf den Inseln angelegt wurden, und mit der Veränderung der Märkte wieder verschwanden. So haben Zuckerrohrplantagen, Tomaten, Tabakanbau, die Ansiedlung von Kakteen als Lebensraum für die Chochenille-Schildlaus, aus der ein wertvoller roter Farbstoff gewonnen wird, und schließlich die Banane die Landschaft der Kanaren verändert und geprägt. Wein wird noch heute angebaut, die traditio-

Abb. 15: Die Bananen stehen am Ende einer langen Reihe von Nutzpflanzen, die von den Kolonisten auf den Kanarischen Inseln eingeführt wurden. Heute geraten auch die Bananenplantagen unter Druck: der Weltmarktpreis ist zu niedrig, die Bananen sind kleiner als ihre Konkurrenten aus Südamerika – und der Wasserverbrauch ist enorm. Im Luftbild wird deutlich, wie sehr die mit weißem Plastik abgedeckten Plantagen noch die Küstenregion Gran Canarias dominieren.

nellen Methoden sind glücklicherweise noch (und teilweise wieder) zu finden. Zuckerrohr, Tomate und Tabak sind verschwunden. Die aus Südamerika mit den Chochenille-Schildläusen importierten Kakteen finden sich als prägende Pflanze überall auf den Inseln, auch wenn längst keine Schildläuse mehr geerntet werden, da die rote Farbe heute chemisch und industriell viel billiger hergestellt wird. Die Früchte der Kakteen werden aber noch zu Likören, Marmeladen und Gelees verarbeitet, die ein beliebtes Mitbringsel der Touristen sind. Bananenplantagen prägen zwar noch das Bild der Kanaren, aber die Schutzmaßnahmen der EU für die „europäischen" Bananen aus den spanischen und französischen Überseegebieten konnten nicht verhindern, dass die kanarischen Bananen den Konkurrenzkampf gegen Billigimporte aus Südamerika verloren haben. Mit dem Rückgang der Bananenplantagen verändert sich die Landschaft auf den Kanaren erneut dramatisch.

Abb. 16: Streuobstwiesen sind heute ein Lieblingskind von Naturschützern und Landschaftspflegern. Dabei sind sie erstaunlich jung, sie entstanden vor allem nach der großen Reblausepidemie auf aufgegebenen Weinbergterrassen. Heute helfen sie dabei, die Landschaft offen zu halten, die sonst verbuschen würde, da eine intensivere landwirtschaftliche Nutzung sich nicht mehr lohnt. Sie helfen aber auch, alte Traditionssorten zu bewahren, die im Plantagenanbau nicht mehr genutzt werden. Sie dienen somit auch dem Erhalt der Biodiversität – und der Geschmacksvielfalt, denn ohne sie könnten wir nur noch wenige Apfelsorten genießen.

Aber auch im Weinbau ändern sich die Zeiten. Im besonders warmen 12. und 13. Jahrhundert erzählen die Quellen von Weinanbau in Schottland und Skandinavien. Im Hochspessart lassen sich heute noch mittelalterliche Weinbauterrassen unter der modernen Waldbedeckung ausfindig machen. Die Abkühlung des Klimas seit dem 14. Jahrhundert, zunehmende Niederschläge, aber auch die Auswirkungen des 30-jährigen Krieges und der Pestepidemien im 17. Jahrhundert führten dazu, dass diese Weinbaugebiete aufgelassen wurden. Findet man heute auf einer solchen Terrasse, deren verfallene Mauern und verschliffene Strukturen sich noch im Gelände abzeichnen, eine über dreihundertjährige Eiche, so erzählen sie gemeinsam ein Stück europäischer Geschichte. Die Reblausepidemien in der zweiten Hälfte des 19. Jahrhunderts führten ebenfalls zur Aufgabe von Weinlagen, die nicht mehr als optimal angesehen und daher nicht neu bepflanzt wurden. Teilweise wurden sie etwa im Maintal durch Streuobstwiesen ersetzt, hauptsächlich mit Apfelbäumen bestückt. Das fränkische und hessische Apfelweingebiet erlebte so eine deutliche Ausdehnung.

Die Reblausepidemie war das einschneidendste Ereignis im europäischen Weinbau. Bei der Kolonialisierung Amerikas entdeckten die europäischen

Abb. 17a: Der Kostendruck wirkt sich auch auf die Landschaft im Chianti aus. Viele traditionelle Weinberge wurden aufgegeben und sind heut von Wald bedeckt. Die bewirtschafteten Weinberge wurden maschinengerecht umgebaut: weg von hangparallelen Terrassen hin zu senkrecht zum Hang stehenden Rebenreihen. Damit werden sie viel anfälliger für Erosion, deren Spuren auf diesem Bild deutlich zu erkennen sind.

Abb. 17b: Einzelne Weinbauern im Chianti kehren jedoch zu den traditionellen Anbaumethoden zurück, reaktivieren die alten Weinbergterrassen oder legen neue an und setzen traditionelle Bewässerungssysteme wieder instand. Dadurch kann auch der Wasserverbrauch im Gegensatz zu modernen Sprinkleranlagen gesenkt werden.

Siedler indigene Weinreben. Schon bald begann ein ausgedehnter Weinbau in Amerika, wobei man mit den Ergebnissen nicht sehr zufrieden war. So wurden europäische Weinstöcke nach Amerika gebracht und mit den einheimischen Reben gekreuzt. Dies führte zu guten Resultaten – und schon bald ging man auch den umgekehrten Weg und brachte amerikanische Setzlinge nach Europa. Damit nahm die Katastrophe ihren Lauf. Denn mit den Setzlingen kam auch die amerikanische Reblaus nach Europa. Die amerikanischen Pflanzen waren gegen sie resistent – doch innerhalb von etwa 40 Jahren, von den 1860er Jahren bis 1905, vernichtete die Reblaus systematisch fast alle Weinbaugebiete Europas – von Spanien über Frankreich und Italien bis Ungarn. Die letzte große Epidemie wütete 1905 noch in Deutschland. Nun versuchte man verzweifelt, des Übels Herr zu werden. Man kreuzte die heimischen Rebstöcke mit amerikanischen – und erhielt zwar eine hohe Resistenz, war aber mit der Qualität des Weins nicht zufrieden. Mehrfachkreuzungen führten schließlich zu befriedigenden Resultaten. Geforscht wird auch heute noch, denn mit der Klimaänderung, aber auch mit Veränderungen im Weinbau selbst wird die Reblaus wieder zu einer größeren Gefahr. Für viele Weinbaugebiete war der Reblausbefall das Aus: wo die Lagen nicht optimal waren, die Weinbaugebiete zu klein, das nötige Geld für die langfristigen Investitionen in den Neuanfang fehlte, da verschwand der Wein aus der Landschaft. Die Weinbauterrassen wurden entweder umgenutzt oder von Büschen und Bäumen überwachsen.

Die modernen Entwicklungen im Weinbau führen ebenfalls zu einer massiven Veränderung der Kulturlandschaft. Viele Steillagen wurden bereits als unwirtschaftlich aufgegeben, da sie sich nur von Hand bearbeiten lassen und der Weinpreis inzwischen so stark gesunken ist, dass sich eine derart arbeitsintensive Bewirtschaftung einfach nicht mehr wirtschaftlich darstellen lässt. Aber auch die Struktur der weniger steilen Weinberge wurde verändert, um sie für den Einsatz von Erntemaschinen geeignet zu machen. Dies lässt sich mit dramatischen Folgen im Chianti-Gebiet sehen. Die traditionellen Weinbergterrassen, auf denen der Wein parallel zum Hang angebaut wurde, verschwanden und machten durchgehenden Reihen im genormten Abstand Platz, die nunmehr senkrecht den Hang hinauf angelegt wurden. So wurde der Erosion Tür und Tor geöffnet und der Mutterboden wird die Hänge hinunter geschwemmt. Erst in jüngster Zeit besinnen sich manche Winzer auf die traditionellen Anbaumethoden und bauen schrittweise ihre Weinberge wieder in hangparallele Terrassen zurück.

Sollten die derzeit gültigen, sehr strengen Beschränkungen für den Ausweis neuer Weinanbaugebiete demnächst auf Druck der EU (oder besser, bestimmter Lobbyorganisationen der industriellen Landwirtschaft) fallen, dann könnten neue, riesige Anbaugebiete in den Ebenen des Ruhrgebiets entstehen, in denen Massenweine zu Billigpreisen produziert werden. Für viele traditionelle Winzer würde dies wohl das Aus bedeuten. Für die vom Weinbau geprägten Kulturlandschaften etwa im Herzen Deutschlands, an Main, Rhein und Mosel würde dies zu einem dramatischen Verlust an landschaftlicher Qualität führen. Sie würden ihr über Jahrhunderte, ja eigentlich seit der römischen Zeit fast zwei Jahrtausende, gewachsenes unverwechselbares Erscheinungsbild verlieren. Und die Wein-Enthusiasten würden viele typische, lokale Weinsorten mit ihrem eigenen Geschmack und ihrer besonderen Eigenart wohl schmerzlich vermissen. Dafür gäbe es dann mehr künstlich veränderte Weine mit Geschmacksprofilen ohne jegliche geographische und kulturelle Verwurzelung, wie sie heute schon in den USA produziert werden, mit Bananenaroma und Vanillegeschmack aus der Retorte für den an künstliche Aromen gewöhnten Gaumen.

In der europäischen Tradition kommt dem Wein eine ganz besondere Bedeutung zu. Schon in der griechischen und römischen Antike spielte der Wein eine zentrale Rolle in vielen Kulten. Als Trankopfer an die Götter, in den dionysischen Mysterien oder im Mithraskult. Im Christentum erreicht die kultische und mystische Bedeutung des Weins ihren Höhepunkt im Messopfer, in der Wandlung von Brot und Wein in das Fleisch und Blut Jesu Christi. Der Wein ist also weitaus mehr als nur ein berauschendes Genussmittel, ein wohlschmeckender Bestandteil festlicher Gastmähler und ein aphrodisierendes Verführungsmittel – insbesondere natürlich in der prickelnden Variante als Champagner. So spielt der Wein auch eine wichtige Rolle in der europäischen Literatur und Musik, von der Champagnerarie des Don Giovanni zum rührseligen Wienerlied. Wobei sich in letzterem in mystischer Weise Weinseligkeit und Todessehnsucht zu einer einmaligen Melange vermischen. Diese Wortspielerei verweist schon auf ein ganz anderes Genussmittel, den Kaffee. Doch bevor wir zur Wiener Melange kommen, wollen wir uns noch einem anderen alkoholischen Getränk zuwenden, dem Bier.

Bier und Identität

Bier wurde schon in Mesopotamien und im alten Ägypten gebraut. Da man es noch nicht filterte, trank man es in Mesopotamien gerne durch Strohhalme. Im Ägypten der Pharaonen darf das Bier mit Fug und Recht als Grundnahrungsmittel gelten, als unbedenkliches Getränk (im Vergleich zum oft von Krankheitserregern verseuchten Wasser) wie als flüssiges Brot – ganz wie heute in Bayern. Die Griechen und Römer dagegen waren Weintrinker, und der schon erwähnte Plinius der Ältere wertete die Cervisia, das Bier der Kelten und Germanen, als missglückten Versuch, einen Ersatz für Wein herzustellen. Das Resultat verglich er höchst unfein mit Pferdepisse. Nun outet sich der Autor dieser Zeilen zwar durchaus gerne als Weintrinker, der dem Bier weit weniger frönt. Doch keine Regel ohne Ausnahme. Belgien erscheint mir als das Eldorado des Bieres.

Unbeschwert von jedweden Reinheitsgeboten entsteht dort eine Fülle von Bieren, die sich farblich, substantiell und geschmacklich so sehr unterscheiden, dass sich hier wahrlich für jeden Geschmack etwas findet. Da lässt sich sogar ein köstliches Fischessen zelebrieren, in dem es zu jedem Gang ein passendes Bier gibt. Und selbst zum Dessert empfiehlt sich etwa ein Kriek, ein Kirschbier. Original gebraut wird dieses Bier in einem eigenen Gärverfahren mit Kirschen angesetzt. Heute wird leider oft auch einfach Kirschsirup zugesetzt – so etwas ist dann aber bestenfalls ein Radler oder Alster oder Panaschee oder wie immer man eine solche Mischung regional auch nennen möchte, aber ebenso wenig ein echtes Kriek, wie ein gewöhnlicher Essig durch den Zusatz von etwas Traubenmost zum Aceto Balsamico wird.

Zu den besonderen belgischen Bieren gehört das Geuze, ein Bier, das in Brüssel und Umgebung gebraut wird. Dieses Bier benötigt keinen Zusatz künstlicher Hefe sondern gärt mit der natürlichen Kellerhefe der Brüsseler Bierkeller. Sein eigenwilliger Geschmack erinnert eher an eine saure Brause als an ein Bier, aber als Aperitif ist es hervorragend geeignet, und kaum ein Getränk könnte regional typischer sein als das Geuze. Berühmt sind natürlich die außergewöhnlich kräftigen und auch alkoholreichen Biere der belgischen Trappistenklöster. Solche Starkbiere finden sich in vielen katholischen Gegenden, meist saisonal als Weihnachts- und Osterbock. Sie entstanden als Fastenbiere und waren als gehaltvolle Ergänzung der Fastenspeisen gedacht, gemäß dem schönen Satz: „Flüssiges bricht das Fasten nicht". Aller-

Abb. 18: Belgien ist das Land der unzähligen Bierspezialitäten. Das Geuze ist eine Besonderheit aus Brüssel, mit natürlicher Kellerhefe gebraut. Der hohe Kohlensäuregehalt in diesen Bieren führt dazu, dass sie oft in Flaschen mit Champagnerkorken und Drahtverschluss verkauft werden.

dings sollte man hier auch erwähnen, dass die Klöster der Vergangenheit grundsätzlich Biere von verschiedener Stärke brauten. Die leichten und weniger geschmacksintensiven Biere wurden etwa an jene Pilger ausgeschenkt, die das Recht in Anspruch nahmen, kostenlos in den Klöstern Herberge zu nehmen – oder natürlich auch an die Armen bei der Armenspeisung. Zahlende Reisende von Stand erhielten dagegen die besseren und stärkeren Biere zu ihrem Mahl.

Regional unterschiedliche Biere finden sich natürlich auch in all den anderen Bierregionen Europas. Die Kellerbiere im Raum Bamberg erinnern mit ihrem niedrigen Kohlensäuregehalt und ihrem entsprechend dünnen Schaum an englische Ales. Eine geradezu belgische Sonderform in seiner geschmacklichen Extravaganz stellt das Bamberger Rauchbier dar, das manchen Konsumenten beim ersten Versuch an flüssigen Schinken erinnert. Das Berliner Weißbier mit seinem säuerlichen Geschmack wird durch süßen Sirup aufgebessert, pink mit Himbeere oder grün mit Waldmeister. Als Berliner Weiße mit Schuss erlangte es Weltruhm. Und immerhin war es ja auch Friedrich der Große, der eine eigene Bierproduktion in Berlin anregte, um nicht länger von Importen abhängig zu sein. Nicht zu verwechseln ist die Berliner Weiße natürlich mit dem bayerischen Weißbier, einem Weizenbier, das sich derzeit vor allem als Hefeweizen großer Beliebtheit erfreut. Eine Aufzählung regionaltypischer Biere darf natürlich nicht die beiden Rivalen des Rheinlandes vergessen, das Kölsch und das Alt. Wer wissen will, wie wichtig Bier für die regionale Identität ist, der bestelle doch einmal ein Alt in einer Kölner Kneipe, oder umgekehrt ein Kölsch in Düsseldorf. Einen türkischen Kaffee in Thessaloniki zu bestellen hat in etwa denselben Effekt …

Die örtlichen Brauereien sind in allen Biergegenden von großer Bedeutung für die Identität der Bewohner. Stolz präsentiert man die noch vorhandenen kleinen Privatbrauereien. Eine Miltenberger Traditionsbrauerei entwickelte den schönen Werbeslogan: „International völlig unbedeutend. National eher zweitrangig. Regional der Hammer." Hier zeigt man Stolz auf die regionale Verwurzelung. Man ist kein Global Player, sondern ein fester Bestandteil der regionalen Identität. Und so wird der Verlust der eigenen Brauerei im Dorf oder der Kleinstadt auch noch nach Jahren oder Jahrzehnten betrauert. Für die Burgfeste in Partenstein im Spessart lässt die Gemeinde extra ein Festbier mit Partensteiner Wasser brauen, um zumindest zu diesem festlichen Anlass wieder ein eigenes Bier zu haben. Wenn dann die Nachbargemeinde Frammersbach, mit der man in gepflegter Konkurrenz steht, noch über eine lokale Brauerei verfügt, schmerzt der eigene Verlust doppelt. In der nahe gelegenen Stadt Lohr hat man die Traditionsbrauerei ebenfalls verloren. An die Großen der Branche verkauft, gibt es die Marke zwar noch, das Bier wird inzwischen aber in Würzburg gebraut. Wenn dann durch chemische Analysen nachgewiesen wird, dass das Bier in Würzburg nicht wie vertraglich versprochen mit Lohrer Wasser, sondern ganz normal mit dem Wasser vor Ort gebraut wurde, dann beschäftigt der darauf folgende Sturm im Bierglas sogar den Stadtrat – in einer Sitzung, in der kein einziges Mitglied des ehrsamen Gremiums es wagte zu fehlen, egal welche Termine dafür abgesagt werden mussten.

Auch der Gerstensaft ist also ein besonderes Gebräu. Historisch lösen sich Wein und Bier in manchen Regionen übrigens als „Nationalgetränk" durchaus ab. So war Bayern im Mittelalter ein Weinland. Hier war es der Klimawandel, die Abkühlung vom 14. bis in das 19. Jahrhundert mit der kleinen Eiszeit im 17. Und 18. Jahrhundert, die zu einem Wandel der Gebräuche führte. Bezeichnenderweise entstand im 16. Jahrhundert, als diese Entwicklung so weit fortgeschritten war, dass in großen Teilen Altbayerns kein Weinanbau mehr möglich war, auch das Reinheitsgebot für das bayerische Bier. Aber auch die Niederlande waren im Spätmittelalter ein Land von Weintrinkern. Nicht weil man dort Wein angebaut hätte, jedenfalls nicht in nennenswerten Quantitäten. Die guten Handelsbeziehungen mit Südfrankreich und der Reichtum der niederländischen Händler und Kauffahrer ermöglichten den Import von Wein im großen Maßstab. Es waren die Kriege mit Frankreich im 17. Jahrhundert, die diese Verbindungen kappten. Dazu kam die damals moderne Wirtschaftsphilosophie des Merkantilismus, die stark auf die Produktion von Konsumgütern im eigenen Land setzte. So beschlossen die Niederländischen Generalstände, den Import von Wein durch Steuern und Zölle zu behindern und die Produktion von Bier im eigenen Land zu befördern.

Dies hatte unerwartete Auswirkung auf eine so ferne Region wie den Spessart. Den Wein trank man damals hauptsächlich aus Trinkgläsern aus gefärbtem, meist grünem Glas. Bier dagegen wurde aus weißen (durchsichtigen) Gläsern konsumiert. Da der Wein damals nicht wie heute gefiltert war, wurde das Erscheinungsbild durch Schwebeteilchen getrübt. Auch war die Farbe gerade des Rotweins meist nicht so dunkel wie heute. So waren die grünen Gläser optimal und verbesserten den Farbeindruck des Weines. Das Bier dagegen war vor der Erfindung des Pils braun und kräftig gefärbt, wirkte daher in den weißen Stangengläsern besonders schön. Da die Glasproduktion im Spessart zu einem großen Teil direkt nach Antwerpen ging und dort schiffsladungsweise versteigert wurde, um den niederländischen Markt zu bedienen, stellten die Glashütten im Spessart innerhalb weniger Jahre ihre Produktion von grünen Weingläsern auf weiße Biergläser um. Globalisierung in der frühen Neuzeit.

Fruchtweine – die unterschätzten Spezialitäten
Neben dem Wein aus Weintrauben gab es wohl schon in der Vorgeschichte neben dem aus Honig hergestellten Met alkoholische Getränke, die aus Beeren gekeltert wurden. Jedenfalls fanden sich die Spuren von Beeren in verschiedenen Gefäßen bronzezeitlicher Bestattungen, die als Schankgefäße für alkoholische Getränke interpretiert werden. Heute finden sich bei uns vor allem sehr süße Beerenweine, etwa aus Johannisbeeren oder Blaubeeren, sowie Schaumweine aus Aprikosen, Erdbeeren und anderen Früchten. Diese Produkte sind meist sehr billig und gelten nicht gerade als Spitzenprodukte der Kelterei. In jüngster Zeit haben sich in typischen Apfelweingegenden, etwa in Südhessen und dem benachbarten Mainfranken, hervorragende neue Kreationen von sortenreinen Apfelweinen, mit zum Teil wiederbelebten alten Traditionssorten, entwickelt. Auch Apfelsecco, Apfelsekt oder Spielarten des Cidre finden sich hier im modernen Gewand. Im Mühlviertel in Österreich treten dazu auch Weine und Cidres aus alten Birnensorten, wie Speckbirne.

Eine Besonderheit stellen die estnischen Beerenweine dar. Da man in Estland, im Baltikum, keine Weinreben anbauen kann, hat sich schon im 19. Jahrhundert eine eigene Weinproduktion aus heimischen Beeren, wie etwa Stachelbeeren, entwickelt. Die sortenreinen Beerenweine werden wie klassische Weine ausgebaut und sind teilweise nicht von einem Riesling oder Silvaner zu unterscheiden. Leider hat diese Tradition nach dem Ende der Sowjetunion und der Unabhängigkeit Estlands und dem folgenden EU-Beitritt eine Delle erlitten. Die heimischen Beerenweine galten als schlechtes Surrogat für echte Weine, die man nun günstig importieren konnte. Glücklicherweise hat sich inzwischen aber auch hier ein neues Selbstbewusstsein für regionale Produkte entwickelt, so dass die estnischen Beerenweine auch in den Supermärkten wieder in der Abteilung für regionale Produkte zu haben sind. Jedem Besucher Estlands seien sie wärmstens empfohlen, sie sind eine interessante Sonderentwicklung im kühlen Norden Europas.

Aperitif und Digestif – Gebranntes in vielen Varianten

Ob vor oder nach dem Essen, zum guten Mahl gehören auch die Brände. Und sie sind so zahlreich, unterschiedlich und charakteristisch wie die Weine und Biere. Schließlich sind Whisky für Schottland und Whiskey für Irland (man beachte sorgfältig die Schreibweise, will man Schotten oder Iren nicht vergrämen), Aquavit für die Niederlande, Gameldansk für Dänemark, Obstler für Österreich, Pálinka für Ungarn, Grappa für Italien, Sliwowitz für Serbien ebenso typisch wie Pils für Böhmen, Guiness für Irland, Ale für England, Sherry für Spanien, Port für Portugal, Veltliner für Österreich, Chianti für die Toskana etc. etc. etc. Die Brände sind allerdings jünger, denn Voraussetzung für ihre Herstellung ist die Beherrschung der Destillation, eines Verfahrens, das die Alchemisten im Mittelalter verfeinerten und die Klöster wohl als erste zur Herstellung hochprozentiger Getränke nutzten. Eine Hebung des Alkoholgehalts soll allerdings schon davor durch weitaus krudere Methoden versucht worden sein. So soll der Alkoholgehalt des Scrumpy, eines besonders herben englischen Cidres, in den Wintermonaten durch folgendes Verfahren gesteigert worden sein: Man stellte ihn in offenen Fässern in die Kälte, so dass sich auf dem Gebräu eine Eisschicht bildete. Da diese weitestgehend aus reinem Wasser bestand, hob man sie ab – und in der so reduzierten Flüssigkeit erhöhte sich der Alkoholgehalt.

Destilliert lassen sich aus Äpfeln wahre Köstlichkeiten erzeugen. Der Calvados steht geradezu ikonisch für die Normandie. „Faire le Trou Normand" (ein normannisches Loch machen) sagt man in Frankreich, wenn man während oder nach dem Essen einen Calvados trinkt. Der konzentrierte Geruch nach Äpfeln, der feurige Geschmack, das edle Brennen im Abgang – ein Genuss. Und regionale Identität drückt sich auch im edlen Wettstreit der Cognacs und Armagnacs aus. Der Unterschied eines Whiskys aus den Lowlands, den Highlands oder von den Inseln, ob Single Malt (sortenrein und ausschließlich aus vermalzter Gerste hergestellt) oder Blend (aus mehreren Whiskys gemischt), oder Grains (aus verschiedenen Getreidesorten), mit dem rauchigen Geschmack des Peat, des Torfs, mit dem das Getreide zum Malz geröstet wird, oder samtig weich in Madeirafässern gereift, schottischer Whisky oder irischer Whiskey – darüber lassen sich wahre Glaubenskriege führen. Heute streiten auch österreichische, französische oder gar japanische Whiskys um Goldmedaillen auf internationalen Messen. Aber Whiskey (amerikanischer, nicht irischer) aus Mais, statt aus Gerste, ist kein Whisky und soll auf alle Ewigkeit Bourbon bleiben.

Und zum guten Schluss – Kaffee, Tee und Schokolade

Zum Whisky, Cognac oder Calvados passt in jedem Fall auch ein guter Kaffee. Die drei großen Heißgetränke Kaffee, Tee und Schokolade eroberten Europa gemeinsam zu Beginn der Neuzeit. Gleichzeitig repräsentieren sie drei Kontinente: der Tee Asien, der Kaffee Afrika und die Schokolade Amerika. Aus unseren heutigen kulinarischen Genüssen sind sie nicht mehr weg zu denken. Der Tee gilt geradezu als Nationalgetränk der Briten. Ein britischer Autor des 19. Jahrhunderts sinnierte etwa gar darüber, dass der Tee ideal zum britischen Nationalcharakter passe. Er verleihe Stärke und Besonnenheit, ruhige Gelassenheit und Ausdauer. Im Gegensatz dazu würde der Kaffee, den die Kontinentaleuropäer so sehr schätzten, zu nervöser Aufgeregtheit und Unausgewogenheit führen. Der Tee als Zaubertrank der Briten, der ihre Überlegenheit als Kaufleute und Kolonisten begründet. Nationaler lässt sich ein Nationalgetränk nicht mehr bewerten. Die Dominanz des Tees im britischen Selbstverständnis wird durch den Begriff deutlich, den man im Englischen für Abstinenzler geprägt hat: Teatotaler – der totale Teetrinker, der also keinen Alkohol anrührt, sondern seinen Durst allein mit Tee löscht.

Doch waren die Briten selbst Kaffeeliebhaber, bevor sie zu Teetrinkern wurden. Die Heimat des Kaffees ist in Afrika zu suchen, v.a. in Äthiopien, daneben im Sudan und in Uganda. Der wildwachsende Kaffee wurde gesammelt und die Bohnen entweder gekaut oder zerstoßen und mit Fett vermischt zu apfelgroßen Kugeln gerollt. In Äthiopien wurde erstmals Kaffee durch Aufgießen mit heißem Wasser hergestellt. Von dort gelangte er über das Rote Meer nach dem Jemen und eroberte in der Folge ganz Arabien, schließlich auch Ägypten und die Türkei. Die Ausbreitung des Kaffees in der islamischen Welt fand weitgehend im 15. Jh. statt. Ein Jahrhundert später datieren die ersten Berichte europäischer Reisender über das neuartige Genussmittel. So die Beschreibung des Augsburger Arztes und Naturforschers Leonhart Rauwolf, der 1583 ein Buch über seinen Aufenthalt in Aleppo veröffentlichte, in dem er den Kaffee als „gut getränck" würdigte.

Nach Europa wurde Kaffee zu Beginn des 17. Jahrhunderts von den Venezianern eingeführt, und hier entstand auch das erste Kaffeehaus. Doch folgten schon wenige Jahre später Kaffeehäuser in London und anderen Städten Englands. Wien wurde erst später zur Hauptstadt des Kaffeehauses, auch wenn sich hier eine ganz eigene Kaffeehauskultur entwickelte, die mit ihren Kaffeehausliteraten und der riesigen Fülle an unterschiedlichen Kaffees einzigartig ist. Wo sonst bekommt man einen kleinen oder großen Schwarzen, einen kleinen oder großen Braunen, eine Melange, einen Einspänner, einen Kapuziner (nicht zu verwechseln mit dem Cappuccino), einen Kurzen, einen Espresso, einen Mokka, einen Verlängerten oder einen Verkehrten, um nur einige Varianten zu nennen. Eine wahre Wissenschaft ist die richtige Mischung von Kaffee, Milch (kalt, heiß oder geschäumt), Obers (Sahne), Schlagobers (Schlagsahne), Zucker und natürlich auch Hochprozentigem.

Araber und Türken pflegten ihren Kaffee weder mit Milch noch Zucker zu versetzen, sie würzten das heiße Gebräu mit Anis, Gewürznelken oder Kardamom, letzterer ist gerade in Arabien noch heute beliebt. Der Kaffee wurde, wie heute noch der türkische Kaffee, auf dem Satz serviert. Erst in dem Wiener Kaffeehaus des Polen Kolczitzki wurde erstmals nach 1685 der Kaffee gefiltert serviert. Hier erlebte auch der europäische

Abb. 19: Die Zubereitung des Kaffees auf dem Satz im Kupferkännchen, serviert auf einem runden Tablett mit einer runden, henkellosen Tasse (auf deutsch „Köppchen" genannt), ist die traditionelle Zubereitungsart des Kaffees. Vor allem in Griechenland und Spanien ist sie auch heute noch beliebt, hier in einem Restaurant in Malaga.

Kaffee mit Milch und Zucker seine Geburt. Erst diese Neuerungen sicherten dem Kaffee seinen Siegeszug durch alle Gebiete Europas. In derselben Zeit kam auch aus Syrien die Gewürzmühle nach Italien, wo sie weiterentwickelt und als Kaffeemühle unerlässlicher Bestandteil der europäischen Kaffeekultur wurde.

Der Kaffee verbreitete sich rasch in Europa und war bald nicht mehr nur ein Phänomen der guten Gesellschaft. Der Assistent der Britischen Admiralität Samuel Pepys beschreibt in seinen berühmten Tagebüchern die Londoner Kaffeehäuser des 17. Jahrhunderts noch als geschlossene Klubs, zu denen nur eingetragene Mitglieder Zugang hatten. Doch schon bald entwickelten sich die Kaffeehäuser zu öffentlichen Orten, an denen es auch zu einer Vermischung der Gesellschaftsschichten kam. Kaffeetrinken wurde zu einem sozialen Ereignis. Was die Moralisten auf den Plan rief, schließlich sah man die guten Sitten in Gefahr, wurden hier revolutionäre Reden gehalten (Metternich ließ die Kaffeehäuser im vorrevolutionären Wien systematisch bespitzeln), und vor allem die Kaffeekränzchen der Damen erregten den Unwillen der Sittenwächter. Wichtiger waren aber oft wirtschaftliche Überlegungen. Wer über keine eigenen Kolonien verfügte, aus denen er den Kaffee beziehen konnte, musste ihn teuer importieren. So wurden Zölle und Steuern auf den Kaffee geschlagen, um das Staatssäckel zu füllen. Kaum verwunderlich blühte bald der Schmuggel und der Staat reagierte mit strenger Überwachung. In Preußen trieben es die Kaffeeriecher besonders arg, die das Recht hatten, jedes Haus jederzeit zu betreten, um unversteuerten Kaffee zu beschlagnahmen.

Abb. 20: Der Handel mit Kaffee machte seit dem 17. Jahrhundert die Kaufleute in Norddeutschland und in den Niederlanden reich. Die Hamburger Speicherstadt, Ende des 19. Jahrhunderts entstanden, mit ihren eindrucksvollen Ziegelbauten ist auch heute noch ein Hauptumschlagplatz für Kaffee und Heimat bedeutender Kaffeeröstereien. Hier befindet sich passender Weise auch das Kaffeemuseum.

Trotz aller Schwierigkeiten, der Kaffee ist aus der Esskultur Europas nicht mehr wegzudenken. Der Tee war anfänglich übrigens sehr viel teurer. Das Monopol der Chinesen auf den Teeanbau ermöglichte vorerst kein Ausweichen der europäischen Kolonialmächte auf eigene Überseeterritorien zum Anbau des Tees. In China baut man Tee schon seit Jahrtausenden an. Allerdings mischte man dem Tee anfangs noch eine Menge uns recht exotisch anmutender Ingredienzien bei, so etwa neben Milch auch Reis, Ingwer, Zwiebeln und verschiedenste Gewürze und löffelte ihn als stärkende Suppe. So wird ja noch heute dem Tee in Tibet Jakbutter zugesetzt, eine zwar ranzige aber höchst nahrhafte Angelegenheit. Der reine Teegenuss verbreitete sich von China nach Korea und schließlich auch nach Japan.

Es waren Niederländer, die Anfang des 17. Jahrhunderts den ersten Tee aus Japan mitgebracht haben. Die Niederländische Vereinigte Ostindische Kompanie war es auch, die kurz darauf Tee nach Europa importierte. Von Anfang an war Tee ein wichtiges Handelsgut. Im Streit zwischen England und den Niederlanden um die koloniale Vormachtstellung erließ die britische Regierung 1651 die „Navigationsakte". Darin wurde bestimmt, dass alle in England verkauften Überseegüter, darunter auch Tee, nur auf britischen Schiffen transportiert werden durften. Als 1669 den englischen Händlern durch die eigene Regierung auch noch der Ankauf von Tee über Zwischenhändler in Amsterdam verboten wurde, begann sich ein britisches Monopol auf den Teehandel zu etablieren. Doch immer noch mussten auch die Engländer den Tee in China gegen gutes Silber einkaufen. Um die Handelsbilanz zu verbessern, wollten sie im Gegenzug Opium nach China exportieren. Zwei Opiumkriege wurden geführt, um den Widerstand der chinesischen Regierung dagegen zu brechen. Und als es schließlich gelang, Teepflanzen aus China heraus zu schmuggeln, entwickelte die englische Kolonialmacht den Teeanbau in Indien unter eigener Regie.

Da man aber auch in England lange Zeit noch sehr viel mehr Kaffee als Tee trank, legten die englischen Kolonialherren Kaffeeplantagen auf Ceylon (dem heutigen Sri Lanka) an. Erst als diese einer Rostpilzseuche zum Opfer fielen, entschied man sich dafür, auch auf Ceylon statt Kaffee nunmehr Tee anzubauen – und holte dafür tamilische Arbeiter aus dem benachbarten Indien. So veränderte der Anbau der Genussmittel für den europäischen Markt nicht nur die Landschaft der Insel, sondern legte auch die Grundlage für einen bis heute andauernden ethnischen Konflikt auf Sri Lanka.

Die Schokolade hat von den drei Aufgussgetränken wohl den größten Wandel erfahren. Sie stammt wie erwähnt aus Amerika und hieß auf altmexikanisch Xocoatl, was soviel bedeutet wie „Bitteres Wasser". Der bittere Geschmack der Schokolade, die ja erst durch die Zugabe von reichlich Zucker süß wird, schreckte manchen Europäer bei der ersten Berührung mit dem Getränk ab. So nannte sie der Mailänder Girolamo Benzoni, der Mitte des 16. Jahrhunderts längere Zeit in Mittelamerika verbrachte, ein „Saugetränk". Den Azteken galt sie dagegen als Götterspeise, Kakaobohnen dienten als Opfer für die Götter, und der große Botaniker Linné gab dem Kakaobaum seinen wissenschaftlichen, in diesem Falle geradezu poetischen, Namen Theobroma cacao – „Götterspeise Kakao".

Es waren die spanischen Eroberer Mexikos, die als erste Europäer die Schokolade kennenlernten. Genossen wurde sie von den Einheimischen als Aufgussgetränk, doch darf man dieses nicht mit unserer heutigen heißen Schokolade verwechseln. Denn die an Kakaofett überaus reiche Kakaobohne wurde ja noch nicht in verschiedene Bestandteile aufgespalten, wobei heute nur noch eine sehr fettarme Trockenfraktion zum Aufguss gelangt. Das Getränk, das mit heißem Wasser hergestellt wurde, war dick, fett und bitter, dabei äußerst nahrhaft, was den Spaniern bei ihren kräfteraubenden Märschen durch die Dschungel Mittelamerikas sehr zugute kam, wussten sie doch von den meisten exotischen Pflanzen und Tieren, die sie umgaben, nicht, welche essbar waren und welche nicht, und hüteten sich vor allzu unbekannten Speisen.

Schon im frühen 17. Jahrhundert verbreitete sich die Schokolade an den europäischen Fürstenhöfen als Modegetränk, blieb jedoch über hundert Jahre eine Mode des Adels, vor allem adliger Damen. Verfeinert wurde der Geschmack der Schokolade zuerst mit Vanille, Zimt und Nelken, erst später wurde die Schokolade durch Zucker gesüßt. Schokolade galt als Stärkungsmittel, sie durfte in der Fastenzeit genossen werden, sollte aber auch potenzfördernd wirken. Man hielt sie für ein Aphrodisiakum – Liebesmahlzeit und Liebestrank in Literatur und Malerei wurden gerne mit der Schokolade verbunden, und selbst in die Bilder der Werbung im 19. und frühen 20. Jahrhundert floss das Thema ein, wurde auf diesen besonderen Reiz der süßen Verführung angespielt. Casanova führte stets eine Schokoladenkanne mit sich. Die Kanne mit dem Loch im Deckel für den Quirl, mit welchem die dickflüssige Schokolade schaumig aufgeschlagen werden konnte, hatte sich neben den eigenen Tee- und Kaffeegeschirren entwickelt. Die sinnliche Wirkung der Schokolade wurde von einem Wiener Mediziner in seiner Dissertation bestätigt und folglich wurde von ihm der Genuss der Schokolade für die zölibatäre Geistlichkeit als unpassend bezeichnet. Der Wiener Klerus soll darob so erbost gewesen sein, dass er nicht nur die Dissertationsschrift verbrannte, sondern auch noch die Amtsenthebung jenes Professors bewirkt haben soll, der diese skandalöse Arbeit angenommen hatte.

Heute genießen wir Schokolade zwar auch noch als Getränk, aber viel häufiger in fester Form, als Tafelschokolade, Mousse, Pralinen oder in Schokoladenkuchen – bis hin zur weltberühmten Sachertorte aus dem Café Sacher in Wien. Zu Zentren der Schokoladeherstellung haben sich die Schweiz und Belgien entwickelt. Schon zu Beginn des 19. Jahrhunderts wurde in Halle eine Schokoladenfabrik gegründet, und die Hallorenkugeln sind eine ebenso bekannte Spezialität wie die Mozartkugeln aus Salzburg. Die erste Milchschokolade wurde übrigens in Dresden 1839 hergestellt.

Schokolade ist aus unserer heutigen kulinarischen Welt gar nicht mehr weg zu denken. Doch wie sehr Kaffee, Tee und Schokolade unser Geschmacksempfinden verändert und zugleich andere kulinarische Traditionen verdrängt haben, zeigt ein wunderbares Zitat der temperamentvollen Liselotte von der Pfalz, der Gattin von Philipp von Orléans, des Bruders des Sonnenkönigs Ludwigs XIV. Sie berichtete 1712 in einem Brief vom französischen Hof nach Hannover: ... den ich kan weder thé, caffé noch chocolatte vertragen, kan nicht begreiffen, wie man es gern drinckt. Thé kompt mir vor wie heu undt mist, caffé wie ruß und feigbonnen, undt chocolatte ist mir zu süs, kan also keynes leyden, chocolatte thut mir wehe im magen. Waß ich aber woll eßen mögte, were gutte kalte schale oder eine gutte biersub... Tee also schmeckte ihr wie Heu und Mist, Kaffee wie Ruß, Schokolade ist ihr zu süß – und sie sehnt sich nach Kaltschale und Biersuppe, die sie am französischen Hof jedoch nicht erhalten kann. So ändern sich die Zeiten und die Geschmäcker.

Konfekt – und was es so süß macht
Süßes hat der Mensch immer gerne gegessen – ist Süße doch ein Indikator für energiereiche Speisen. Was für uns kalorienbewusste Wohlstandsbürger ein Problem ist, war jedoch bis vor sehr kurzer Zeit noch das wichtigste Kriterium bei der Suche nach geeigneten Nahrungsmitteln. Und so finden sich schon bei den antiken Römern Rezepte für Süßspeisen, wobei als Süßstoff Honig, Fruchtsirup, süße Käsesorten oder eingekochter Most dienten. Zucker war noch sehr selten und teuer. Er war zwar in Südostasien schon seit Jahrtausenden bekannt, jedenfalls wurde schon sehr früh in dieser Region Zuckerrohr angebaut und geerntet. Nach Europa gelangte der Zucker über Indien und bereits im 5. Jahrhundert v. Chr. auch nach Griechenland – wo er jedoch so selten und teuer war, dass man ihn, wie seltene und exotische Dinge so häufig, für ein Wundermittel hielt und hauptsächlich in der Medizin verwendete.

Was nicht bedeutet, dass die Menschen damals keinen Zucker gegessen hätten. Schließlich ist Zucker in zahlreichen Nahrungsmitteln enthalten, vor allem in den Früchten, von denen der Mensch sich schon als Jäger und Sammler ernährte. In den kultivierten Obstsorten war der Zuckergehalt dann noch deutlich höher als in ihren wildwachsenden Vorfahren. Dies brachte dem Menschen nicht nur die benötigte Energie, der zunehmende Konsum zuckerreicher Nahrungsmittel führte auch zu einem bekannten Problem, der Schädigung der Zähne durch Karies. Schon Aristoteles bemerkte: „warum schädigen die Feigen, die weich und süß sind, die Zähne?"

Der römische Enzyklopädist Plinius der Ältere kannte vor zwei Jahrtausenden bereits indischen und arabischen Zucker, schätzte den indischen jedoch weitaus höher ein. Über die Araber kam der Zucker im 8. Jahrhundert auch nach Spanien. Das christliche Europa lernte den Zucker erst im 11. Jahrhundert durch die Kreuzzüge (wieder) kennen. In den kleinen Kreuzfahrerstaaten im östlichen Mittelmeer entwickelte sich eine eigenständige Zuckerproduktion, vor allem auf Kreta und Zypern, jedoch auch auf Rhodos, Malta und Sizilien.

Das Zeitalter der Entdeckungen und Kolonialisierung führte zu einer weiten Verbreitung des Zuckerrohrs in den spanischen und portugiesischen Kolonien. So führten die Portugiesen Anfang des 15. Jahrhunderts das Zuckerrohr auf Madeira ein – und brachten aus Sizilien auch gleich die nötigen Fachleute für den Anbau und die Verwertung mit. Die Spanier begannen zur gleichen Zeit mit dem Zuckeranbau auf den Kanarischen Inseln. Mit dem Aufschwung der „europäischen" Zuckerproduktion auf den Inseln im Atlantik ging der Niedergang der islamisch kontrollierten Zuckerproduktion im Mittelmeerraum einher. Dies lag auch an der zunehmenden Dürre in Nordafrika, wo die notwendigen Mengen an Brennholz und Wasser für die Raffinerie des Zuckers nicht mehr zu beschaffen waren. Um 1500 deckte der Verkaufspreis hier nicht mehr die Kosten.

Bereits Kolumbus brachte auf seiner zweiten Reise das erste Zuckerrohr nach Amerika. Der Zuckeranbau breitete sich rasch über ganz Mittel- und Südamerika aus. Die Erschließung immer weiterer Anbaugebiete in den Kolonien, auch durch Engländer, Franzosen oder Holländer, senkte den Zuckerpreis dramatisch. Um den Absatz von Zucker zu fördern, erreichte die West-Indische-Kompanie die Ausgabe einer täglichen Ration Rum auf englischen Kriegsschiffen – Rum wird bekanntlich aus Zucker gewonnen. Zuerst war dies ein Viertelliter pro Mann und Tag, Ende des 18. Jahrhunderts wurde diese Ration auf einen halben Liter erhöht – wie gesagt, täglich. Damals wurden sogar englischen Armenhäusern Rationen von Zucker und Sirup zugeteilt.

Damit hatte sich der Zuckerkonsum dramatisch verändert. Im Mittelalter war Zucker ein Luxusgut der wirklich Reichen, die ihn, wie alle anderen exotischen Gewürze, vor allem zur Zurschaustellung ihres Reichtums und ihrer Macht benutzten. So taucht Zucker in Rezepten für Fleisch- und Fischgerichte auf, daneben aber besonders zur Dekoration der festlichen Tafel. Skulpturen aus Zucker, der mit Mandelöl oder Gummiharzen gemischt wurde, dienten diesem Zweck. Französische Könige liebten solchen Luxus besonders, aber auch mancher Papst ließ sich eine solche Gelegenheit zu prunken nicht entgehen. So schickte noch im 17. Jahrhundert der Papst seinen eigenen Leibkoch der Königin Christina von Schweden entgegen, die nach ihrer Abdankung nach Rom reiste, um zum katholischen Glauben überzutreten. Dieser Koch, wir kennen sogar seinen Namen, Luigi Fedele, war berühmt für seine prunkvollen Nachspeisen, Trionfi genannt, die aus reichlich Zucker hergestellt wurden. Wahre Zuckerskulpturen soll er hergestellt haben, mit hauchdünnem Blattgold überzogen und mit Edelsteinen geschmückt. Das Blattgold sollte von den Gästen mitgegessen werden, die Edelsteine durften sie als wahrlich königliches Gastgeschenk behalten. Vorbilder für solche Prasserei fanden sich bereits in der islamischen Welt, wo im 11. Jh. der Kalif al-Zahir zum Abschluss des Ramadan für eine gigantische Festtafel 73.000

Kilo Zucker verbraucht haben soll. Ein anderer Kalif soll gar eine Moschee aus Zucker erbaut haben lassen, die nach den Festlichkeiten von eigens dazu geladenen Bettlern aufgegessen wurde.

Mit der Kontinentalsperre Napoleons gegen England verteuerte sich Zucker noch einmal stark. Damals wurde erstmals in größerem Maßstab Zucker aus Zuckerrüben hergestellt, als Ersatz für den Rohrzucker, der nun nicht mehr importiert werden konnte. Schon der mehrfach erwähnte Plinius der Ältere erwähnte den süßen Saft der Sizilianischen Rüben. Eine ähnliche Feststellung machte 1747 der deutsche Chemiker Andreas Marggraf. Er stellte fest, dass die Wurzelrübe so viel Zucker enthielte, dass man ihn gewinnen und auskristallisieren könne. Unter dem Einfluss des Wirtschaftskrieges zwischen dem von Napoleon besetzten Europa und England wurde diese Methode nun industriell angewandt. Zwar erlebte die Zuckerherstellung aus der Zuckerrübe einen starken Einbruch, als nach dem Ende der napoleonischen Kriege große Zuckermengen aus den Tropen den europäischen Markt überschwemmten, aber schon bald erholte sich die Rübenzuckerproduktion wieder und wurde schließlich praktisch zur alleinigen Grundlage des europäischen Zuckerkonsums.

Bei allem süßen Genuss sollte man aber auch nicht den Preis vergessen, den die Verbreitung des Zuckerrohres in den Kolonien und die Herstellung des Zuckers forderte. Denn der Zucker trug wesentlich zur Zunahme des Sklavenhandels bei. Sklaven bauten ihn auf den Plantagen in der Karibik oder in Südamerika an, Sklaven schufteten in den Siedehäusern und Raffinerien, oft nur mit Rum entlohnt. Auf französischen Plantagen sollte ein Sklave pro Tag einen Hering erhalten, oft bekam er nicht einmal diese Minimalration als Verpflegung. Um 1800 schätzte man in England, dass auf zwei Tonnen Zucker ein toter Sklave kam. Dass sich, lange nach der Abschaffung der Sklaverei, die sozialen Probleme durch die „Einfuhr" hunderttausender Menschen als Sklaven von Afrika nach Amerika noch längst nicht gelöst haben, bedarf kaum der Erwähnung. Die Monokulturen, gerade auf den Inseln, führten oft auch zu einem ökologischen wie ökonomischen Desaster, das in einen Teufelskreis aus Umweltzerstörung und Absatzschwierigkeiten angesichts der billigeren Konkurrenzprodukte wie Rübenzucker und Maissirup mündete. Die Menschen Europas bezahlen den süßen Überfluss mit Gewichtsproblemen, Diabetes und Karies.

Nicht nur eine Frage des guten Geschmacks
Lebensmittelskandale erschüttern immer wieder das Vertrauen der Verbraucher in ihre Nahrungsmittel – jedenfalls für kurze Zeit. Im Februar 2013 war es Pferdefleisch in Fertiggerichten wie Tiefkühl-Lasagne, das die Gemüter erregte. Auch wenn es sich hierbei eindeutig um Betrug handelt (es sollte Rinderhack in der Lasagne sein), so ist er grundsätzlich wohl kaum schlimmer einzuschätzen als der übliche Etikettenschwindel. All die bunten Früchte auf dem Joghurtbecher oder auf der Packung eines Fruchtnektars oder Fruchtsaftgetränks sind nur schöner Schein, die Produkte vollgestopft mit künstlichen Aromen und Farbstoffen – und im Falle des Fruchtjoghurts sind es bissfeste, aromatisierte Apfelstückchen, die den Pfirsich im Joghurt vortäuschen. Allein schon manche Wortschöpfungen sollten alle Alarmglocken läuten lassen. Schließlich war Nektar der Trank der Götter und kein Billigprodukt und jeder Fruchtsaft ist per Definition ein Getränk – man würde doch auch kein Flüssigwasser kaufen, oder? Pferdefleisch in Tiefkühlkost dürfte also niemanden wirklich schockieren, schließlich ist Pferdefleisch gut und gesund. Wer einmal ein Fohlensteak probiert hat oder ein herzhaftes Pferdegulasch, der weiß den Geschmack von Pferd zu schätzen. Dem Rind gar nicht unähnlich, aber würziger und kräftiger. Darum gibt es auch keinen besseren Fleischkäse als einen

Pferdeleberkäse. Wer schon einmal das Deckblatt einer Tiefkühllasagne angehoben und auf die Masse darunter geschaut hat, der kann sich doch nicht wirklich vor Pferdefleisch ekeln?

Dieser Ekel ist rein kulturell bedingt. Während in Frankreich Pferdefleisch als Delikatesse im Kühlschrank eines jeden Supermarkts zu finden ist, gilt es im deutschsprachigen Raum als Tabu. Das hat durchaus religiöse Gründe. So verbat Papst Gregor III. im 8. Jahrhundert in einem Brief an den Missionsbischof Bonifatius ausdrücklich den Verzehr von Pferdefleisch. Schließlich war das Pferd das heilige Tier des Wotan und wurde rituell geopfert – und auch bei den Germanen wurde das Opferfleisch gegessen. So wurde gerade im Westen des Frankenreichs (dem heutigen Deutschland), der Genuss von Pferdefleisch besonders stark tabuisiert, im östlichen Frankenreich (dem heutigen Frankreich) dagegen erschien dies weniger wichtig. Pferdefleisch wurde natürlich auch im deutschsprachigen Raum gegessen, aber es galt hier eindeutig als Ersatz für das gute Rindfleisch und war der Küche der Armen und der Unterschichten zugeordnet. Hier schließt sich der Kreis zum modernen Pferdefleischskandal. Schließlich wurden beim Pferdemetzger lange Zeit nicht etwa Fohlen oder speziell für den Verzehr gezüchtete Pferde geschlachtet (so wie heute), sondern altgediente Arbeitstiere. Man bereitete daraus auch nicht Steaks zu, sondern eben Fleischkäse und Hackfleisch. In der Lasagne soll denn auch nicht nur Fleisch von Pferden gelandet sein, die für den menschlichen Verzehr freigegeben waren. Spuren von Dopingmitteln im Pferdefleisch verweisen eher auf ausgediente Renn- und Arbeitspferde, deren Leistung man noch bis zuletzt mit Medikamenten auf die Sprünge geholfen hat.

Essen und Trinken verändern die Welt

Essen und Trinken verändern also die Welt. Die Produktion der Nahrungsmittel gestaltet die Landschaft, der Genuss der Nahrung prägt unsere Wahrnehmung der Landschaft. Im Kopf vermischen sich die Gerüche und Geschmäcker, die Bilder und Geräusche, bis ein bestimmter Wein, eine bestimmte Speise sofort die Erinnerung an eine bestimmte Gegend heraufbeschwören. Der Handel mit den Nahrungs- und Genussmitteln war zugleich stets ein wichtiger Wirtschaftsfaktor, die Suche nach den Quellen der Genüsse, nach den Gewürzinseln war die treibende Kraft der Entdeckungsreisen und schließlich der

Abb. 21: Mit dem zunehmenden Bedarf an nachwachsenden Rohstoffen für die Energieerzeugung werden viele Felder zum Anbau von Energiepflanzen umgewidmet. Die knallgelben Rapsfelder fallen dabei in der Landschaft besonders stark auf, hier etwa bei Hohenegg im Dunkelsteiner Wald an der Donau in Niederösterreich.

Kolonialisierung großer Teile der Welt durch die Europäer. Essen und Trinken verändern die Welt, und dieser Prozess ist so alt wie der Mensch und trifft auf das Hier und Heute noch genauso zu wie auf den ersten Ackerbauern, der ein paar Bäume fällte, um ein Feld anzulegen. Die aktuelle Diskussion über Tank und Teller, die Nutzung von Nahrungsmitteln zur Herstellung von Biosprit und die Umwidmung von Ackerflächen zur Produktion von Energiepflanzen führt uns dies deutlich vor Augen. Maisfelder für grüne Energie statt Getreidefelder für Brot und Teigwaren? Wiesen, auf denen Biomasse wächst und nicht mehr Futter für Schafe und Kühe? Neue Monokulturen zur Stromherstellung statt alter Monokulturen für billiges Obst? Südamerikanische Urwälder, die für Palmenplantagen gefällt werden, um Energie zu erzeugen, mit der holländische Glashäuser für Tomaten im Winter beheizt werden? Schwierige Fragen, denen sich der moderne Mensch nicht entziehen kann.

Aber abseits der Massenproduktion, der Fertigmenüs und Fastfood-Ketten bleibt Essen und Trinken doch vor allem eines – ein Kulturgut, das man mit allen Sinnen genießen kann. Der Geschmack, der Geruch, das Aussehen, die Konsistenz, ja selbst das Geräusch des Korkens beim Öffnen der Weinflasche, der Knall, wenn der Sektkorken aus der Flasche fliegt, das Brutzeln des Steaks auf dem Grill, das Knacken der Nussschale – Essen und Trinken halten nicht nur Leib und Seele zusammen, sie füttern auch alle unsere Sinne und lassen uns fühlen und empfinden und genießen. Und wenn dann noch die Geschichten dazu erzählt werden, von den Austern und Hummern, die einst ein Armeleuteessen waren, oder von dem Kaffee mit Wein als Aufputschmittel für müde Bauern im Gebirge, dann verwandelt sich dieser Genuss in die Wahrnehmung von Landschaft, vermittelt er Geschichte und Traditionen. Essen und Trinken gehören zur Identität einer Region, einer Landschaft wie die Sprache, die Musik, der Blick auf die Berge oder das Meer. Sie lassen den Besucher Landschaft erleben, in der Erinnerung wieder auferstehen, im Genuss der exotischen Frucht oder des erlesenen Weins die Sehnsucht nach dem Ursprungsland entstehen. Du bist, was Du isst – also sollten wir bewusst besser essen und besser trinken, um besser zu werden.

Alle Abbildungen (außer 11) vom Autor.

Literatur

ANDRÉ, J. (1998): Essen und Trinken im alten Rom. – Stuttgart.
ANDRESSEN, M.B. (1996): Barocke Tafelfreuden an Europas Höfen. – Stuttgart, Zürich.
BAVOILLOT, G. (1996): Das Buch der Schokolade. – München.
BEUSEN, et al (1996): L'Art Gourmand: Stillleben für Auge, Kochkunst und Gourments von Aertsen bis Van Gogh. – In: Hessisches Landesmuseum, Darmstadt, Wallraf-Richartz-Museum, Köln. – Gent.
BIRLEY, R. & VINDOLANDA, B. (1978): Eine römische Grenzfestung am Hadrianswall: Neue Entdeckungen der Archäologie. – Bergisch Gladbach.
BIRLEY, R. & VINDOLANDA, B. (1982): Offical guide to the Roman remains and the museum. – Carvoran.
BOTH, F. (1998): Gerstensaft und Hirsebier. Archäologische Mitteilung aus Nordwestdeutschland, Beiheft 20. Staatliches Museum für Naturkunde und Vorgeschichte Oldenburg. – Isensee.
BRILLAT-SAVERIN, J. A. (1979). Physiologie des Geschmacks: oder Betrachtungen über das Höhere Tafelvergnügen. (1825)[1] – Frankfurt.
BURGGRAF, P. et al. (2001) Klosterlandschaft Heisterbacher Tal. Rheinische Kunststätten, Heft 49. Rheinischer Verein für Denkmalpflege und Landschaftsschutz. – Köln.
EHLERT, T. (1991)[3]: Das Kochbuch des Mittelalters. – München
EISELEN, H. (1995): Brotkultur. Deutsches Brotmuseum Ulm. Vater und Sohn Eiselen-Stiftung. – Köln.
ERMISCHER, G. & FUSSBAHN, H. (2002) Stadt – Stift – Hof: Aschaffenburg zur Zeit Grünewalds und Kardinal Arlbrechts. – In: Ripertinger, R. et al. (Hrsg.): Das Rätsel Grünewald: Katalog zur Bayerischen Landesausstellung 2002/03. Veröffentlichungen zur Bayerischen Geschichte und Kultur 45/02. – Augsburg: 85–95.

ERMISCHER, G. (2010): Tastescapes – Kulinarische Zeitreise durch Europa. – In: Bund Heimat und Umwelt (Hrsg.): Landwirtschaft – Kulturlandschaft – Regionale Esskultur, S. 93–120. – Bonn.

FURTWÄNGLER, I. (1988): Die traditionelle Toskanische Küche. – München.

GOLDSTEIN, D. & MERKLE, K. (Hrsg.) (2005): Culinary cultures of Europe: Identity, diversity and dialogue. Council of Europe. – Strasbourg.

GRÜNEWALD, M. (2012): Schmausende Domherren oder wie Politik auf den Tisch kommt. Mainzer Menüs 1545 und 1546. – Lindenburg.

HEISE, U. (1987): Kaffee und Kaffeehaus. Eine Kulturgeschichte. – Hildesheim, Zürich, New York.

HIBST, P. (1991): Tafelfreuden im Mittelalter: Wider die These vom Völlen und Saufen (= Thales Themenheft Nr. 103). – Essen.

KAISER, H. (1995): Der große Durst: Von Biernot und Branntweinfeinden – rotem Bordeaux und schwarzem Kaffee: Trinken und Getränke zwischen Weser und Ems im 18./19. Jahrhundert. Materialien & Studien zur Alltagsgeschichte und Volkskultur Niedersachsens 23. – Cloppenburg.

LAURIOUX, B. (1999): Tafelfreuden im Mittelalter: Die Esskultur der Ritter, Bürger und Bauersleut. – Augsburg.

MASSON, G. (1977): Christina Königin von Schweden. – Bergisch Gladbach.

PACZENSKY, G. VON & DÜNNBIER, A. (1994): Leere Töpfe, volle Töpfe. Eine Kulturgeschichte des Essens und Trinkens. – München.

REDON, O. et al (1993): Die Kochkunst des Mittelalters. Ihre Geschichte und 150 Rezepte des 14. und 15. Jahrhunderts. – Frankfurt.

Rheinisches Landesmuseum Trier (Hrsg.) (1987): 2000 Jahre Weinkultur an Mosel – Saar – Ruwer. Denkmäler und Zeugnisse zur Geschichte von Weinanbau, Weinhandel, Weingenuss. – Trier.

RUF, F. (1989): Die sehr bekannte dienliche Löffelspeise. Mus, Brei und Suppe – kulturgeschichtlich betrachtet. – Velbert-Neviges.

SCHAFFER-HARTMANN, R. & WIEHLER, J. (1990): Äppelwoi: Eine Ausstellung zur Geschichte des Apfelweins in Hanau Marstall, Museum Schloss Steinheim. – Hanau.

SANDGRUBER, R. & KÜHNEL, H. (1994): Genuß und Kunst: Kaffee, Tee, Schokolade, Tabak, Cola. Katalog des niederösterreichischen Landesmuseums N.F. Nr. 341. – Innsbruck.

WEEBER, K. W. (1993): Die Weinkultur der Römer. – Zürich.

WEDEMEYER, B. (1989): Coffee de Martinique und Kaysers Thee. Edition Moderne Archäologie: Materielle Kultur, Band 1. – Göttingen.

Berichte aus der Methodenküche – Vermittlung von landschaftsbezogener Ernährungskultur

Inge H. Gotzmann

Zusammenfassung

Unsere Kulturlandschaften sind in großen Teilen von der Nahrungsmittelproduktion geprägt. Wandel in landwirtschaftlichen Nutzung und das Verbraucherverhalten haben einen direkten Einfluss auf das Erscheinungsbild dieser Flächen. Die Gefahr, dass kulturhistorisch, ästhetisch und bezüglich der Artenvielfalt reiche Strukturen verloren gehen, ist jedoch akut vorhanden.

Daher werden Ansätze für die Vermittlungsarbeit vorgestellt, die auf diese Zusammenhänge aufmerksam machen sollen – und dies mit Freude an dem mit Genuss verbundenen Thema Esskultur.

Einführung

In zunehmendem Maße verlieren wir Menschen in Industrieländern den Bezug zur Nahrungsmittelproduktion. Der Bevölkerungsanteil derjenigen, die in der Landwirtschaft tätig sind, ist in den letzten fünfzig Jahren stark gesunken. Fragt man in einer Runde, beispielsweise die Teilnehmer einer Exkursionsgruppe, danach, ob von deren Großeltern wenigstens einer in der Landwirtschaft tätig war, so ist der Anteil in der Regel recht hoch. Dagegen ist der Anteil derjenigen, die in den letzten Jahren einen Bauernhof persönlich auch nur besucht haben, eher gering. Auch in Privatgärten lässt sich beobachten, dass die Eigenproduktion von Obst und Gemüse immer mehr durch pflegeleichte Zierpflanzen und Rasenflächen ersetzt wird. Neue Strömungen, wie z.B. urbane Gärten, können ggf. zu einer Trendumkehr führen. Nach wie vor kommt es aber zu einer zunehmenden Entkopplung der Menschen von der Nahrungsmittelproduktion. Damit geht das Wissen darüber verloren, wie die Pflanzen und Tiere aussehen, von denen wir unsere (einheimischen) Produkte beziehen und wann deren jeweilige Saison ist. Gleichzeitig geht damit auch das Gefühl dafür verloren, wie die damit verbundenen Landschaften aussehen und wie und warum sie sich verändern.

Veränderte Lebensstile und ein breites Angebot an Fertigprodukten führen zusätzlich dazu, dass die Zubereitung der Nahrung aus frischen Grundstoffen abnimmt. Die große Beliebtheit von Kochshows im Fernsehen kann da kaum gegensteuern – vielleicht „lässt man" da auch kochen als eine Art romantische Erinnerung an Omas Kochkünste?

Landwirtschaftliche Nutzflächen prägen jedoch unsere Landschaften in hohem Maße – der Anteil an der Gesamtfläche liegt bei rund 45 %. Der in den letzten Jahren massiv zunehmende Anbau von Bioenergiepflanzen, zumeist Mais, an Stelle von Nahrungsmitteln, hat das Landschaftsbild bereits sichtbar verändert. Die Gestaltung dieser Flächen, die unser Lebensumfeld prägen, sollte uns jedoch genauso wenig egal sein wie die Frage danach, woher unsere Lebensmittel kommen und unter welchen Be-

Abb. 1: Im Südharz prägt der Kirschenanbau das Landschaftsbild.

Tagungen und bietet mit seinen Materialien ein weitgefächertes Informationsangebot, das interessierte Bürgerinnen und Bürgern und vor allem auch Multiplikatoren in ihrem Engagement unterstützen soll Im Folgenden sollen Überlegungen vorgestellt werden, wie eine Vermittlungsarbeit aussehen kann, die den Zusammenhang zwischen Nahrungsmittelproduktion und -qualität, Verbraucherverhalten und Landschaftsgestaltung anschaulich darstellt.

Zugänge zum Thema Esskultur

Bei der Vermittlungsarbeit hat es sich bewährt, verschiedene Wege des Zugangs zu einem Thema zu betrachten. Die im Folgenden vorgestellten Zugänge sind frei kombinierbar und haben viele Schnittmengen.

a) Persönlicher Zugang

Da Essen und Trinken essentiell sind, hat auch jeder eine eigene Geschichte persönlicher Esskultur mit den entsprechenden Erfahrungen. In der Vermittlungsarbeit kann gut daran angeknüpft werden. Es können direkte Bezüge zur (Familien-)Geschichte, zu Vorlieben und Abneigungen, zu emotionalen Erfahrungen und zum Alltag hergestellt werden. Bei Führungen lässt sich beispielsweise mit folgenden Fragen dieser Thematik nachgehen:

- Wissen Sie, was Ihre Großeltern in ihrer Kindheit gegessen haben?
- Erinnern Sie sich an Pflanzen oder Produkte, die in Ihrer Kindheit und Jugend neu eingeführt wurden?
- Gibt es etwas, was in Ihrer Kindheit mehr Geschmack hatte als heute?

dingungen sie produziert werden. Die Entfremdung von Nahrungsmitteln und von den dazugehörigen Landschaften, welche immer weniger Menschen persönlich aufsuchen und erleben, gilt es daher aufzuhalten. Zum einen ist damit ein Bildungsauftrag verbunden, zum anderen aber sollten Bürgerinnen und Bürger die Möglichkeit haben, Kulturlandschaften mitzugestalten. Ein mündiges Verbraucherverhalten nimmt hierbei eine Schlüsselposition ein.

An dieser Stelle setzt der Bund Heimat und Umwelt in Deutschland (BHU) an. Der Verband setzt sich seit langem mit dem interdisziplinären Thema Kulturlandschaft auseinander. Als Bundesverband der Bürger- und Heimatvereine in Deutschland geht es ihm um die Gestaltungsmöglichkeiten von Bürgerinnen und Bürgern in ihrem jeweiligen Lebensumfeld. Der BHU hat sowohl das Naturerbe als auch das Kulturerbe im Blick. Die Vermittlungsarbeit ist bei diesem Anliegen ein Grundpfeiler, daher veranstaltet der BHU Fortbildungen, Workshops und

- Was mögen Sie heute, was Sie als Kind nicht mochten?
- Produzieren Sie Lebensmittel selbst und wenn ja, welche und warum?
- Haben Sie neue Lebensmittel bei Reisen in ferne Länder kennen gelernt?
- Wie sieht z.B. eine Kartoffelpflanze aus oder wie der Meerrettich?
- Was schätzen Sie, wie viele Apfelsorten gibt es weltweit?

Aus Gesprächen wird deutlich, dass sich unsere Essgewohnheiten in den letzten Jahrzehnten radikal verändert haben. Die Gründe dafür sind vielfältig. Dazu zählen z.B. günstige Importe aus anderen Ländern, niedrige Lebensmittelpreise, veränderte Familiensituationen und das zunehmende Angebot von Fertigprodukten. Jede Generation hat ihre eigene Erfahrungen gemacht. Meine Großmutter erzählte mir, dass in ihrer Jugend zum Beginn des 20. Jahrhunderts die Tomate für sie eine überraschende Neuentdeckung war – die so gar nicht süß war, obwohl sie an einen Apfel erinnerte. Ich selbst kann mich an meine erste Kiwi erinnern. Irritationen kamen damals auf bei der Frage, ob die Schale mitgegessen werden kann und ob das grüne Innere bereits reif ist und roh genießbar ist. Der Wandel von Esskultur bzw. die Neueinführung von Lebensmitteln ist stark von der Akzeptanz der Verbraucher abhängig – die durch Informationen und Werbung jedoch auch beeinflussbar ist. Esskultur ist also auch ein geeignetes Thema für den Dialog zwischen den Generationen.

Der Wandel des Ernährungsverhaltens spiegelt sich auch in Gärten bzw. in der landwirtschaftlichen Produktion wider. Tomaten haben in den letzten einhundert Jahren in heimischen Gärten und Balkonen erfolgreich Einzug gehalten, und auch Kiwis sind dort zuweilen zu finden. Voraussetzungen sind dabei nicht nur die Nachfrage sondern auch Züchtungserfolge, die es erlauben, dass diese subtropische Pflanzen auch in unseren gemäßigten Zonen gedeihen.

Abb. 2: In Museen, wie hier im LVR-Freilichtmuseum in Lindlar, ist die Vermittlung der Esskultur „zu Omas Zeiten" ein guter Zugang für die Vermittlungsarbeit.

Abb. 3: Die Lagerung und Haltbarmachung von Lebensmitteln, wie hier im LVR-Freilichtmuseum in Lindlar gezeigt, wird in Privathaushalten durch die jederzeitige Verfügbarkeit von Lebensmitteln kaum noch praktiziert.

b) Historischer Zugang

Wissen Sie, welche Pflanze die Steinzeitmenschen nutzten – Weizen, Roggen oder die Kartoffel? Häufig lautet die Antwort Roggen, weil Roggen als archaisch, altertümlich oder typisch deutsch gilt. Es ist jedoch der Weizen, der von den Menschen der Jungsteinzeit, also zu der Zeit der Sesshaftwerdung und des Übergangs von der Jäger- und Sammler-Kultur zur Ackerbaukultur, bereits genutzt wurde. Es versteht sich, dass damaliger Weizen deutlich weniger Ertrag hatte als heutige Hochleistungssorten. Auch angesichts damaliger archaischer Anbaumethoden lässt darüber nachdenken, welcher Arbeitskraft- und Zeitaufwand in dieser Zeit für die Ernährung betrieben werden musste. Der Roggen kam erst in der älteren vorrömischen Eisenzeit (KÖRBER-KROHNE 1995) in unsere Breiten. Das Max-Planck-Institut für Züchtungsforschung in Köln hat sich intensiv mit der Nutzungs- und Ausbreitungsgeschichte unserer Kulturpflanzen auseinandergesetzt. Nachdem anhand genetischer Muster die Herkunft des Roggens geklärt war, war dies sogar der Boulevardpresse eine Schlagzeile wert: „Unser deutscher Roggen ist ein Türke". Eine deutliche Zäsur der Nahrungsmittelvielfalt stellt die Entdeckung Amerikas dar. Kartoffeln, Tomaten, Auberginen, Grüne Bohnen, Kürbisse und zahlreiche andere Arten bereichern seitdem unseren Speiseplan, wobei die einzelnen Arten unterschiedlich lange gebraucht haben, einen festen Platz einzunehmen.

Woher aber wissen wir von Verbreitungswegen der Nahrungsmittel und von der Geschichte? Über prähistorische Entwicklungen entsteht über archäologische Ausgrabungen ein Bild der Lebensbedingungen unserer Vorfahren. An Feuerstellen von Siedlungsplätzen zählen verkohlte Pflanzenreste und Tierknochen zu den wichtigsten Zeitzeugen, die von Archäobotanikern und Archäozoologen ausgewertet werden. Abdrücke von Pflanzen auf Tongegenständen und auch Felsmalereien verraten Weiteres. Seltene Funde wie Moorleichen oder der berühmte „Ötzi" sind ein wertvoller Fundus, bei dem durch die Analyse des Mageninhalts oder von Ablagerungen in den Knochen auf Ernährungsgewohnheiten rückgeschlossen werden kann. In historischer Zeit sind Arzneibücher, Klosteraufzeichnungen und Berichte von Reisenden entscheidende Quellen. Auch Darstellungen von Pflanzen und Tieren auf alten Gemälden lassen Rückschlüsse auf das Wissen der Zeit zu. Solche Abbildungen lassen sich zudem ansprechend bei Führungen oder Vorträgen einsetzen. Auf dem modernsten Stand der Wissenschaft erlauben genetische Untersuchungen Hinweise auf die Verwandtschaftsverhältnisse, die ihrerseits Rückschlüsse auf die Verbreitungsgeschichte und Transportwege erlauben.

Alle diese Untersuchungen lassen Rückschlüsse auf Speisepläne im Wandel der Geschichte zu, aber erlauben gleichzeitig auch Rekonstruktionen der Landschaftsgeschichte. Einen reichen Fundus bieten die oft detaillierten und gut erhaltenen Aufzeichnungen von Klöstern. So konnte man beispielsweise für das Zisterzienserkloster Heisterbach im Siebengebirge feststellen, wo vor 800 Jahren Weinberge und Ackerflächen lagen und welche davon heute noch existieren. Die nachweisbare Nutzungstradition ist ein wichtiges Puzzleteil unserer Kulturgeschichte und verdient damit auch eine Würdigung als kulturelles Erbe. Diese Landschaften sollten daher eine besondere Aufmerksamkeit, wenn nicht gar einen Schutz erfahren.

Die meisten Nahrungsmittel, die wir heute als einheimisch ansehen, sind im Verlauf der letzten Jahrhunderte erst eingeführt worden und haben dabei unseren Speisezettel erheblich angereichert. Dies lässt sich bei Führungen gut nutzen. Die Herkunftsgeschichte von Lebensmitteln bietet Ansatzpunkte dafür, auf Urlaubsländer zu verweisen oder auf Menschen mit Migrationshintergrund einzugehen. Führungen mit internationalem Publikum lassen sich anschaulich gestalten, indem die Herkunft der Menschen mit der Herkunft von Lebensmitteln verknüpft und die kulturelle Vielfalt gewürdigt wird, von der wir alle profitieren. Bei Führungen lässt sich Spannendes entdecken bei der Frage, wie sah der Speiseplan der Steinzeitmenschen, der Römer oder zur Zeit Goethes aus? Unsere Geschichte ist geprägt von Wanderbewegungen von Völkern, Entdeckungsreisen, Züchtungserfolgen, Aussterben von Arten und anderem mehr. Auch heute wandeln sich durch Vermarktung neuer Lebensmittel und durch Wiederentdeckung alter Sorten weiterhin unsere Essgewohnheiten. Daher kann man durchaus die Frage stellen, wie wir uns den Speiseplan der Zukunft vorstellen?

Abb. 4: Die aus Südamerika stammenden Kartoffeln sind von unserem Speiseplan gar nicht mehr wegzudenken.

c) Ästhetischer Zugang

Das Aussehen von Landschaften ist besonders geeignet für einen ästhetischen Zugang zu dem Thema. In historischer Perspektive aber auch mit der modernen Kunst lässt sich die Landschaftsmalerei bei der Vermittlungsarbeit einsetzen. Die Darstellungen von Lebensmitteln, von Kornfeldern, Weinbergen, Obstbäumen usw. sind beliebte Sujets in der Malerei. Sie verraten zugleich auch etwas über die Art der Wahrnehmung von Landschaft und die Rolle des Menschen darin.

Bei der Vermittlungsarbeit kann man gut mit Teilnehmern darüber ins Gespräch kommen, wie eine Landschaft vor Ort empfunden

Abb. 5: Auf der Bundesgartenschau in Schwerin wurden Beispiele für eine Verbindung von Zier- und Nutzgarten vorgestellt.

wird – ist die Landschaft oder sind bestimmte Elemente schön oder weniger schön, was sind die Lieblingslandschaften der Teilnehmer? Die Diskussion kann mit mitgebrachten Fotos, z.B. auch bekannter Gemälde, angeregt werden. So es die Zeit zulässt, kann man die Teilnehmer mit kleinen Zeichnungen oder Malereien bei einer Veranstaltung auch praktisch einbinden, zugleich schärft dies eine bewusste Wahrnehmung von Landschaft. Eine Überleitung zum Thema Landschaftsplanung und Landschaftsgestaltung bietet sich hierbei ebenfalls an, auch die Frage, in wieweit Bürgerinnen und Bürger daran partizipativ mitwirken können oder wollen.

d) Emotionaler Zugang

Der emotionale Zugang schließt an den persönlichen Zugang an. Die persönlichen Erfahrungen sind mit Emotionen und der eigenen (Familien-)Geschichte verbunden. Auf diesen Zugang setzen auch Zeitschriften wie Landlust, Landliebe und ähnliche Illustrierte und sind damit sehr erfolgreich. Es werden Geschichten erzählt und Personen portraitiert, die scheinbar noch „in der guten alten Zeit" leben, Kindheitserinnerungen werden wach, die allzumenschliche Sehnsucht nach einer „heilen Welt" wird bedient.

Der emotionale Zugang bezieht sich aber auch auf das Erleben mit allen Sinnen. Gerade Essen und Trinken lassen sich durch den Geschmackssinn und den Geruchssinn erfahren. Das sinnliche Erleben lässt sich mit Kost- und Geruchsproben auf Führungen effektiv einsetzen. Die übrigen Sinne sind jedoch nicht minder wichtig. So wird viel Forschung der Lebensmittelindustrie darauf verwendet, z.B. das „richtige" Knackgeräusch bei Kartoffelchips zu erzeugen. Auch das Gefühl auf der Zunge ist Objekt der Forschung und des Lebensmitteldesigns. Lebensmittel sollen natürlich auch appetitlich aussehen, da wird auch schon mal mit Zusatzstoffen nachgeholfen. Hier spielt das Werben um den Verbraucher hinein. Ver-

Abb. 6: Kindheitserinnerungen an selbst geerntetes Gemüse bleiben haften.

brauchererwartungen, aber auch lebensmittelrechtliche Verordnungen führen jedoch dazu, dass weniger ansehnliche Produkte, so beispielsweise Äpfel mit kleinen Flecken oder einer zu geringen Größe, keine Chance auf dem Lebensmittelmarkt haben. Normierungen führen zu Vernichtung von Lebensmitteln, aber auch zum Verlust einer Sortenvielfalt und damit einer biologischen Vielfalt. In der Landschaft wirkt sich dies beispielsweise im Verlust von Streuobstbeständen und Exemplare alter Obstsorten aus, die vielerorts bereits einer Plantagenwirtschaft mit wenigen hochgezüchteten Sorten gewichen sind. Der Geschmack ist dabei oft nicht das wichtigste Kriterium.

Orte der Vermittlung

Das Thema Ernährungskultur lässt sich an vielen Orten vermitteln. Folgende Orte sind nur einige Beispiele, um die verschiedenen Aspekte des Themas darzustellen:

- Bauernhöfe
- Lebensmittelproduzenten
- Märkte, Lebensmittelabteilung im Supermarkt (nach Absprache mit der Marktleitung)
- Freilichtmuseen, Heimatmuseen, Themenspezifische Museen
- Gärten (Botanische Gärten, Klostergärten, Gartenschauen)
- Urlaubs- und Ausflugsregionen (Wein)
- Kochschulen, Restaurants

Es bietet sich an, Partnerschaften mit Vereinen (Heimatvereine, Naturschutzvereine, Slowfood, Landfrauen usw.), Hochschulen, Bildungseinrichtungen, Gesundheitsbereich u.a. einzugehen. Dies hilft beim Erfahrungsaustausch, bei der Bewerbung des Themas und kann zu dauerhaften Kooperationen führen.

Ausblick

Die Vermittlungsarbeit für das Thema Esskultur und Kulturlandschaft sollte einen stärkeren Stellenwert in der Bildungsarbeit einnehmen. Der Bund Heimat und

Abb. 7: In Flora und Botanischer Garten Köln laden regionaltypische Begriffe für Gemüse zum Rätseln ein.

Abb. 8: Im LVR-Freilichtmuseum in Lindlar können Kinder und Erwachsene die Pflanzen im Gemüsegarten entdecken.

Abb. 9: Attraktive Nutzpflanzengärten, wie die Kombination von Kapuzinerkresse und Stangenbohnen im LWL-Freilichtmuseum in Detmold, bieten etwas für das Auge und für den Magen.

Umwelt wird sich zusammen mit seinen Landesverbänden vor Ort auch weiterhin mit der Thematik befassen und entsprechende Fortbildungen, Veranstaltungen und Publikationen anbieten. Im Jahr 2013 steht das Thema Weinbaukultur im Fokus der Aktivitäten. Hierbei gilt es, das Natur- und Kulturerbe des Weinbaus zu erhalten und zu vermitteln. Der BHU steht als Ansprechpartner für das gesamte Themenfeld gerne zur Verfügung.

Literatur

Bund Heimat und Umwelt (2010): Landwirtschaft – Kulturlandschaft – Regionale Esskultur. Bonn.

Burggraaff, Peter, Fischer, Eberhard und Kleefeld, Klaus (2001): Klosterlandschaft Heisterbacher Tal. Rheinische Landschaften 49.

Körber-Krohne, Udelgard (1995): Nutzpflanzen in Deutschland. Von der Vorgeschichte bis heute. Hamburg.

Fotos: Inge Gotzmann, Abb. 6 Werner Gotzmann

Diskussionsansätze zur Vermittlung von Ernährungskultur und Kulturlandschaft

Annette Grundmeier, Alexander Poloczek

Bei der Tagung „In und von der Landschaft leben. Ernährungskultur und Kulturlandschaft – Wie Verbraucher zu Mitgestaltern einer attraktiven Landschaft werden", die vom 11. bis 12.10.2012 in Schneverdingen stattfand, wurden die Zusammenhänge zwischen Ernährungskultur, Produktionslandschaft und Kulturlandschaft aufgezeigt und mögliche Handlungsweisen rege diskutiert. Im Folgenden werden Fragen

und Anregungen aus den Diskussionsbeiträgen aufgegriffen.

Welche Produktionslandschaften sind besonders gefährdet?

In einer ersten Umfrage unter den Teilnehmenden wurde zusammengetragen, welche Produktionslandschaften besonders gefährdet sind und daher verloren gehen könnten. Mehrere Beispiele wurden genannt:

Produktionslandschaft	Beobachtung bzw. Gefährdung
Grünland (z.B. in Nordniedersachsen)	Wiesen und Weiden werden zu Maisäckern, Energieproduktion statt Viehhaltung
Extremstandorte – zu steinig, zu steil, zu nass etc.	extensiv genutzte Flächen fallen brach oder werden aufgeforstet
Sonderkulturen	arbeitsintensiv, gehen verloren
Streuobstwiesen (insbes. Kirsche und Apfel)	Bestäubungslandschaften gehen verloren
Gewürzgärten	in Süddeutschland gibt es mehr Gewürzgärten als in Norddeutschland.
Gartenbauland, Gartenbaubetriebe in Stadtnähe und private Nutzgärten	Städte entstanden meist auf fruchtbarsten Böden, daher gibt es viele Gemüsesorten mit Städtenamen wie z.B. „Bamberger Hörnle" (Kartoffelsorte) – Entkoppelung von Landsorten und namengebendem Anbaugebiet; Gartenbaubetriebe verschwinden zunehmend aus dem Blickfeld.
Fischereiwesen	Flüsse sind kaum noch ausreichend mit Fisch bestückt
regionaler Küstenfischfang	Verdrängung durch industriellen Großfischfang
extensive Teichwirtschaft	Konkurrenz durch Großproduktionen

Welche Produktionslandschaften werden durch welche anderen Nutzungen ersetzt?

Im Zusammenhang mit dem Schwund von Produktionslandschaften steht die Frage nach den Ursachen. Durch welche Art der Nutzung werden die Flächen ersetzt? Durch Flurbereinigung und Ausräumung von Strukturelementen gehen die Einheiten der Produktionslandschaften verloren, weil durch die Entfernung von Bepflanzungen, Hecken oder Steinmauern die Gliederung der Landschaft aufgelöst wird. Auch die Artenvielfalt, z.B. durch Verlust von Nistplätzen von Vögeln, ist dadurch stark gefährdet. Viele agrarisch genutzte Produktionslandschaften, die auf nassen, steinigen oder steilen Standorten, sogenannten Extremstandorten, liegen, fallen zunehmend brach oder werden neu aufgeforstet. Auf Grünland und Weideflächen verschwindet zusehends das dort ehemals heimische Vieh und die Flächen werden zum Anbau von Pflanzen für die Biogasproduktion genutzt. Es entsteht somit eine neue Produktionslandschaft, die die vorherige verdrängt. Dabei werden häufig regionaltypische und speziell an den Standort angepasste Nutzungen durch beliebig austauschbare Produktionsflächen ersetzt.

Wandel, aber auch Gefährdung der Produktionslandschaften findet sich auch im Fischereiwesen.

Flüsse sind kaum noch ausreichend mit Fisch bestückt oder sind chemisch belastet. Das Potential, den Bestand an Süßwasserfischen zu erhöhen, ist jedoch gegeben, wie die Wiederansiedlung des Lachs im Rhein und des Störs in der Donau belegen. Außerdem gibt es durch Renaturierungsmaßnahmen und Fischtreppen auch technische Möglichkeiten, die dabei helfen, den Bestand an Süßwasserfischen aufzustocken. Bei „Lachs 2000" im Rhein zeigte sich allerdings ein widersprüchlicher Bewusstseinswandel: Die Renaturierung wird zwar freudig unterstützt, aber die Nutzbarmachung, also Verzehr und Konsum der Produkte, wird z.T. abgelehnt.

In der Teichwirtschaft haben extensiv genutzte Anlagen stark mit der Konkurrenz durch Großproduktionen zu kämpfen. Auch an den Küsten ist die Verdrängung des regionalen Küstenfischfangs durch industriellen Fischfang zu beobachten. Um den Konsum von regionalem Fisch und Meeresfrüchten zu erhöhen, muss die Struktur von Verarbeitung und Lagerung (wieder) verändert werden, was auch die Zulieferbetriebe betrifft.

Welche Chancen liegen in einer regionalen Esskultur?

Regionale Esskultur kann der Entwicklung einer zunehmenden Industrialisierung der Nahrungsmittel-

Abb. 1: Metzisweiler Weiher bei Bad Wurzach. Extensive Teichwirtschaft gehört zu den gefährdeten Produktionslandschaften. Foto: F. Hoffmann

produktion entgegensteuern, da hier der Wiederentdeckung alter Nutzungsmöglichkeiten und Ressourcen eine besondere Aufmerksamkeit geschenkt wird. So könnten zum Beispiel Erzeugnisse wie Kartoffeln in der Nähe von Großstädten angebaut werden, wie es früher oft der Fall war und wie es sich auch im Modell von Thünen widerspiegelt. Ein weiteres Beispiel für regionale Esskultur ist die kleinräumige Eigenproduktion, die vor allem viele Migranten aus dem Osten und Südosten Europas in den 1960er/70er Jahren praktiziert haben. Die stadtnahen Gemüsegärten wurden allerdings oft nur von der ersten Generation bewirtschaftet und bereits die zweite Generation hat diese Tradition nicht mehr fortgeführt. Für den Fortbestand dieser kleinstrukturierten Produktionslandschaften fehlen zudem leider oft die räumlichen Möglichkeiten. Dennoch ist der Trend heute wiederkehrend. Auch Aktionen wie Guerilla-Gardening bringen Möglichkeiten für die Nutzung urbaner Gärten und urbaner Landwirtschaft wieder ins Bewusstsein.

Eine weitere wichtige Rolle bei der Vermittlung von regionaler Esskultur spielen selbstverständlich die ortsansässigen Wirtshäuser und Gaststätten. Doch vermisst man hier häufig die erhoffte Regionalität. So gibt es in den meisten Kölner Gaststätten Schnitzel aller Art, Pizza und Nudelgerichte, während stadttypische traditionelle Gerichte wie Himmel un Äd und Halver Hahn fast nur noch in den Brauhäusern serviert werden. Die Spezialisierung auf die regionale Küche könnte besonders in ländlichen Regionen dem Wirtshaussterben entgegen wirken, da mit kulinarischen Besonderheiten auch überregionale Kunden angesprochen werden könnten. Dabei spricht nichts dagegen, regionale Küche auch modern zu interpretieren und weiterzuentwickeln.

Ein breites Angebot regionaler Lebensmittel findet sich – außer im Bioladen und vereinzelt inzwischen auch in Supermärkten – häufig auf Wochenmärkten, auf denen die Produkte meistens frisch aus der Region kommen. Gleichzeitig sind diese Märkte nicht nur Orte des Konsums sondern auch des Austauschs und der Kommunikation von und über Lebensmittel. Hier findet somit ein erster Schritt der Umweltbildung statt. Mitunter gibt es allerdings grundlegende Probleme zu bewältigen, bevor man das Thema Regionale Esskultur ausruft, z.B. in Großbritannien, wo etwa 40 % der Haushalte keinen Herd sondern ausschließlich eine Mikrowelle besitzen.

Die „große Masse" lebt und agiert anders als kleine, bewusst agierende Initiativen. Darum müssen auch kleine Märkte erhalten bleiben. Potentiale und Trendsetzungen kann man nutzen und sinnvoll bedienen. Dazu gehört auch, Begrenzungen zu erlauben, also zu fragen, wie weit reicht die Region? Wo hört sie auf? Wann wird der Begriff beliebig?

Wie kommt die Landschaft zum Produkt?

Diese Frage beleuchtet die Rolle der Medien. Lebensmittelproduzenten und Einkaufsketten, die mit Hilfe von Werbung, Verkaufsangeboten und Öffentlichkeitsarbeit viele Konsumenten erreichen, können die Produktion regionaler Lebensmittel beeinflussen.

Aber in wie weit fördern Einkaufsketten tatsächlich die regionalen Produkte und nehmen diese in ihr Sortiment auf? Ist die Vermarktung eines regionalen Produktes in einem landesweit verbreiteten Geschäft überhaupt glaubwürdig oder geht hier durch regionale Unabhängigkeit des Unternehmens die Bindung zum kleinräumig Regionalen verloren? Denn größere Ketten wollen (und müssen) den Erzeuger wechseln können, um ihre Produktpalette konstant bedienen zu können. Dadurch wird die Identität des Regionalen fragwürdig. Es gilt also, Authentizität zu stärken, damit Landschaft – als Träger positiver Werte – nicht nur zum Platzhalter für Marketingstrategien degradiert wird. Zum Beispiel wird bei vielen Milchprodukten das Bild der „freilebenden Kuh" werbewirksam eingesetzt, obwohl die Kühe

Abb. 2: Die Kuh auf der Alm ist ein werbewirksames Motiv – leider entspricht das suggerierte Bild nicht immer den realen Produktionsbedingungen.
Foto: G. Ermischer

für die konventionelle Milchproduktion in der Regel ganzjährig im Stall stehen.

Um solche Missverständnisse auszuräumen, bedarf es der Aufklärung, wie das Produkt im Supermarktregal mit der Region des Kunden bzw. mit dem Landschaftsbild verbunden ist. Es gilt, die unmittelbaren Zusammenhänge darzustellen, und zu vermitteln, wie der Verbraucher durch die Entscheidung für oder gegen bestimmte Nahrungsmittel die Umwelt mitgestalten und prägen kann. Denn die Wirkung von Kauf- und Konsumverhalten auf die Landschaft ist vielfach nicht geläufig. Die Hersteller und Supermarktketten sollten ein gewisses Bewusstsein für die Glaubwürdigkeit des Produkts entwickeln. Dafür müssen auf marktwirtschaftlicher und politischer Ebene verbindliche Verabredungen getroffen werden. Auch die Werbung sollte inspiriert werden, um vor allem Authentizität, aber auch Umweltbildung als Marketingstrategie zu entdecken.

Wie kann man der Entkoppelung von Produktion und Verbraucher entgegensteuern?
Für die Aufklärung über den Zusammenhang von Ernährung bzw. Konsumverhalten und (Kultur-)Landschaft sollten stetige Foren geschaffen werden, um das Thema zu transportieren. Dazu können Medien genutzt werden wie z.B. Internet, Tagungen, Fortbildungen und Broschüren. Theorie und Aktion sollten ausgewogen sein. Statt oder neben reiner Information durch Vorträge können z.B. Verköstigungen regionaler Produkte oder kulturlandschaftliche Exkursionen angeboten werden. So lässt sich Landschaft erleben. Auch konkrete Projekte können vorgestellt werden. Eine kritisch-konstruktive Diskussion und die Reflexion eigener Initiativen und eigenen Verhaltens schaffen ein Bewusstsein für die Konsequenz eigener Entscheidungen – ohne „erhobenen Zeigefinger".

Aktivitäten zur Förderung der Wahrnehmung von regionaler Esskultur können an unterschiedlichen Orten angeboten werden, sollten aber immer an konkreten, abgrenzbaren Orten verankert sein. Identifikation mit der Region und deren typischen Produkten stellt sich häufig über Genuss und über das sinnliche Erleben ein.

Die Frage ist also nicht: „Was sollen Leute machen?", sondern „was wollen die Leute?". Es ist wichtiger und erfolgreicher, wenn Menschen dort abgeholt werden, wo sie gerade sind und in ihnen das Bedürfnis geweckt wird, sich oder etwas in eine bestimmte Richtung zu entwickeln (und in eine gewisse andere eben nicht). Also nicht: „Ihr müsst alte Apfelsorten erhalten und kaufen", sondern „Erinnern Sie sich noch, wie der erste Apfel schmeckte, den Sie gegessen haben?" Die Erinnerung an die eigene Kindheit ist ein dankbares Thema, dazu können alle etwas beitragen und empfinden (emotionale Bindung, sinnliches Erleben).

Welche Akteure können tätig werden?
Ziele sollten nicht vorgegeben werden, sondern gemeinsam entwickelt werden. Dafür gilt es, ein Forum zu schaffen: für den Austausch über Erfahrungen und Projekte, für qualifizierte Information, zur Themenfindung und Erkundung im Sinne von „was gefällt mir? was schmeckt mir?" Das können eine Internetplattform, ein Kochkurs, ein Stammtisch, ein Garten- oder Obstbaumpflegekurs oder ein Treffen zum gemeinsamen Einkauf auf dem Wochenmarkt sein. Durch Ausstellungen, Publikationen und Exkursionen etc. kann vermittelt werden, wie Menschen früherer Generationen Landschaft erlebt und gestaltet haben. Eine Gruppe von Slow Food veranstaltet beispielsweise regelmäßig im Jahr vier Kochkurse und zwei Weinstammtische und verbindet auf diese Weise Genuss mit Hintergrundgeschichten – und verzeichnet jährlich zweistellige Zuwachsraten der Teilnehmerzahlen. In einem Kochkurs zum Thema „Heimat kochen" können die Teilnehmenden regionaltypische Rezepte sammeln, kochen, gemeinsam essen und dabei über das Thema ins Gespräch kommen, was all das mit der Landschaft zu tun hat, die uns umgibt. Positive Auseinandersetzung ist hier gewünscht und gelingt.

Auch in Bildungseinrichtungen wie Hochschulen und Universitäten kann durch einen stärker interdisziplinär ausgerichteten Bildungsweg das Bewusstsein für die Zusammenhänge von Essen, Kultur und Landschaft vermittelt werden. Dies sollte keinesfalls nur im „Frontalunterricht", also in Vorlesungen und Seminaren stattfinden, sondern wichtiger ist es, den jungen Menschen im Gelände zu zeigen, wie man Landschaft und Regionalität erleben kann.

So werden sich Menschen vor Ort darüber klar, was Region und regionale Identität für den Einzelnen bedeutet, dass Konsumverhalten eine Art Macht widerspiegelt und dass man mit seinem Essverhalten auch wirtschaftliche Prozesse sowie die Landschaft prägen und mitgestalten kann.

Eine wichtige Erfahrung ist: Ich kann dazu beitragen, dass sich Dinge ändern. Indem ich Verantwortung für mein Handeln übernehme, habe ich Macht. Ich kann etwas tun. Das hat einen hohen Anreiz.

Welche Kooperationen sind denkbar?
Es ist also wichtig, geeignete Kooperationspartner zu finden, um das Thema, wie „Verbraucher zu Mitgestaltern einer attraktiven Landschaft werden", bekannt und bewusst zu machen und konkrete Schritte umzusetzen. Aus welchen unterschiedlichen Bereichen Kooperationspartner stammen können und über welch vielfältige Aktionen sie eingebunden werden können, zeigt folgende Aufzählung:

- Landwirtschaft
- Volkskundler
- Unternehmer (Landwirte, Metzger, Gastronomie, regional vertretene Supermärkte, große Wirtschaftsbetriebe etc.)
- Kantinen (z.B. von Großunternehmen)
- Mensen an Schulen und Hochschulen
- Catering (z.B. zu Ratssitzungen)
- Kindergärten, KiTas
- Bildungsbereich/Hochschulen
- interdisziplinärer Austausch
- weniger spezialisierte, mehr interdisziplinäre und transdisziplinäre Bildungsangebote
- Landschaftsstudiengänge
- Landwirtschafts-, Bildungsministerien
- Krankenkassen (> Kostenfaktorminderung)
- Schirmherrschaft

Eine erfolgversprechende Strategie nutzt die Erkenntnis, dass man erst ab einer gewissen Gruppengröße hörbar wird. Darum muss man Wachstumsmöglichkeiten in eine gezielte Richtung nutzen, ausbauen und stärken.

Hier stellt sich die Frage, welche Kooperationen nötig und möglich sind, die Etablierung regionaler Esskultur umzusetzen. Ganz wesentlich ist hierbei die Einbeziehung der Politik. So sollte zunächst auf politischer Ebene aufgezeigt werden, in welchem Zusammenhang Esskultur und Landschaften miteinander stehen. Erst wenn die Politik diese Beziehung verstanden hat, kann man mit ihrer Hilfe das Wissen weitergeben und das Bewusstsein beim Konsumenten ändern. Hierbei kann durch eine direkte Ansprache von Politikern auf regionaler Ebene ein erster Schritt gemacht werden, Vorteile der regionalen Esskultur weiterzugeben. Hier sollte man von der regionalen Ebene nach oben arbeiten. Beispielsweise kann man die Schirmherrschaft über ein regionales Projekt erbitten. So können sich Lokalpolitiker persönlich und mit ihren Zielen einem sachlich interessierten Publikum vorstellen. Durch die Beteiligung an Wahlen kann man Einfluss auf die Zusammensetzung politischer Gremien nehmen und Mehrheiten bilden, die bei gesellschaftlichen Fragestellungen und politischen Entscheidungen den jeweils gewünschten Landschaftstyp bzw. die zu bevorzugende Produktionslandschaft ermöglichen. So kann man auch Unterstützung gegen starke Gegner einfordern, z.B. gegen Finanzsysteme und Wirtschaftssysteme, die gewisse Strukturen erhalten wollen, die Veränderungen erschweren.

Landschaftsentwicklung ist als dynamischer Prozess zu begreifen. Der Zusammenhang zwischen Nutzung und Gestalt der Landschaft muss bewusst gemacht werden. Eine Orientierung an der Vergangenheit und die Suche nach historischen Kulturlandschaftselementen genügt nicht.

Die Zeit ist günstig, um Akteure zu gewinnen, da sich das Bewusstsein für gesunde und ökologisch produzierte Lebensmittel allgemein öffnet.

Über welche Medien lassen sich Akteure erreichen?

Doch wie kann man dieses Bewusstsein auch aktiv den Menschen näher bringen, beziehungsweise wie erreicht man sie? Über das Internet erreicht man eine große Masse an Adressaten, hauptsächlich Jugendliche und junge Erwachsen, auch wenn der Anteil älterer User kontinuierlich steigt. Beispielsweise kann man im Internet etwas über ein bestimmtes Rind erfahren oder nachverfolgen, von welchem Tier das gekaufte Stück Fleisch stammt. Will man das Regionalbewusstsein einer möglichst breiten Masse erreichen und nicht

Abb. 3: Regionale Esskultur kann auch durch Kochshows oder Event-Catering an Popularität gewinnen.   Foto: J. Wilke (Northern Institute of Thinking)

nur die Gruppe der Internetuser, spielt vor allem das Fernsehen eine große Rolle. Die Zahl der Kochshows ist in den letzten Jahren stetig gewachsen und ausgeweitet worden. Wenn in solchen Programmen vermehrt regionale Produkte verwendet werden, so könnte dies auch ein wachsendes Interesse bei den Zuschauern bewirken, da eine Art Bedürfnisentwicklung für diese Produkte entstehen kann. Denn erst wenn der Konsument weiß, welche Möglichkeiten eines differenzierten Konsums es gibt, kann er sein Verhalten entsprechend ändern und anpassen. Auch wenn natürlich nicht jeder Zuschauer einer Kochsendung am nächsten Tag in den Supermarkt oder gar auf den Wochenmarkt geht, um das vorgestellte Essen nachzukochen, so sind die jeweiligen Gerichte und Zutaten doch häufig Gesprächsthema im Büro, beim Friseur, im Supermarkt usw.

Abb. 4: Die Tagungsteilnehmerinnen und -teilnehmer während der Exkursion zum Landschaftspflegehof Tütsberg bei Schneverdingen in der Lüneburger Heide.
Foto: D. Gotzmann

Welche Rolle spielt das Verhalten der gesamten Bevölkerung?
Die geschlechterspezifische Aufteilung der Rollen in Haushalt und Familie führt dazu, dass es immer noch meist die Frauen und Mütter sind, die als „Gesundheitsbeauftragte" auf das Essverhalten der gesamten Familie achten und den Einkauf erledigen – und dadurch das Verbraucherverhalten des gesamten Haushalts mitbestimmen.

Hier gibt es die Möglichkeit der schleichenden Revolution, die die Entwicklung zu einer bedachten und nachhaltigen Esskultur voran treibt. Diese ist ebenso stark wie die konkrete Revolution im Konsumverhalten, indem man von heute auf morgen sein Konsumverhalten ändert. Mittel der schleichenden Revolution wären etwa die Dezentralisierung des Einkaufs, die Dekonstruktion des *Homo Oeconomicus* oder das Prinzip „Tu Gutes und sprich darüber" – das heißt: Veränderungen bewusst, bekannt, sichtbar und deutlicher machen. Das lässt sich auch übersetzen in:

„Tu etwas Anderes und sprich darüber".

Literaturhinweise

Bund Heimat und Umwelt (Hrsg.) (2011): Landwirtschaft und Kulturlandschaft. – Bonn.

Bund Heimat und Umwelt (Hrsg.) (2010): Landwirtschaft – Kulturlandschaft – Regionale Esskultur. – Bonn.

Bund Heimat und Umwelt (Hrsg.) (2009): Landwirtschaft zu Omas Zeiten. – Bonn.

Bund Heimat und Umwelt (Hrsg.) (2008): Vom Frühstücksei zum Abendbrot. – Bonn.

Bund Heimat und Umwelt (Hrsg.) (2008): Landwirtschaft schafft Kulturlandschaft. – Bonn.

DeMori, L & Jason, L. (2009): Brotsuppe & Bohnen. – München.

Hauschild, M. et al. (2009): Das Wesermarsch-Spezialitäten-Kochbuch Ochse & Lamm. – Oldenburg.

Körber-Grohne, U. (1987): Nutzpflanzen in Deutschland. – Stuttgart.

Küster, H. (2003)3: Kleine Kulturgeschichte der Gewürze. Ein Lexikon von Anis bis Zimt. – München.

Westfälischer Heimatbund (Hrsg.) (2011): Jahrbuch Westfalen. Westfalen kulinarisch. – Münster.

Internetlinks

www.ernährung-nrw.de
www.gundermann-akademie.com
www.kob-bavendorf.de
www.kraeuterpaedagoge.de
www.landzunge.info
www.slowfood.de
www.streuobst-bodensee.de
www.verein-naturschutzpark.de

Autorinnen und Autoren

Blumenthal, Patrik
Zur Hessenschanze 13, 48431 Rheine
E-Mail: patrik.blumenthal@live.de

Eilers, Susanne
Alfred Toepfer Akademie für Naturschutz (NNA)
Hof Möhr, 29640 Schneverdingen
E-Mail: susanne.eilers@nna.niedersachsen.de

Ermischer, Dr. Gerhard
Archäologisches Spessartprojekt
Kirchner-Haus, Ludwigstr. 19,
63739 Aschaffenburg
E-Mail: ermischer@spessartprojekt.de

Gotzmann, Dr. Inge H.
Bund Heimat und Umwelt (BHU)
Adenauerallee 68, 53113 Bonn
E-Mail: inge.gotzmann@bhu.de

Grundmeier, Annette
Kunsthistorikerin, Kulturlandschaftsbotschafterin
Mülheimer Str. 46, 53909 Zülpich
E-Mail: annette.grundmeier7@gmail.com

Höchtl, Dr. Franz
Alfred Toepfer Akademie für Naturschutz (NNA)
Hof Möhr, 29640 Schneverdingen
E-Mail: franz.hoechtl@nna.niedersachsen.de

Koll, Hubert
3imLand – Das Netzwerk für Kommunikation
Leo-Koppel-Str. 4, 53332 Bornheim
E-Mail: hubert.koll@3imLand.de

Lenz, Prof. Dr. Roman
Hochschule für Wirtschaft und Umwelt, Fakultät Landschaftsarchitektur, Umwelt und Stadtplanung
Schelmenwasen 4–8, 72622 Nürtingen
E-Mail: roman.lenz@hfwu.de

Mathier, Amédée
Albert Mathier & Fils SA
Bahnhofstr. 3, CH-3970 Salgesch
E-Mail: amedee@mathier.ch

Mölders, Dr. Tanja
Juniorprofessur „Raum und Gender",
Leibniz Universität Hannover,
Herrenhäuserstr. 8, 30419 Hannover
E-Mail: t.moelders@archland.uni-hannover.de

Poloczek, Alexander
Sauerbruchstr. 17, 50767 Köln
E-Mail: alexander.poloczek@googlemail.com

Anschriften BHU und Landesverbände

Bund Heimat und Umwelt in Deutschland (BHU)

Bundesverband für Kultur, Natur und Heimat e.V.
Adenauerallee 68, 53113 Bonn
Tel. 0228 2240-91/-92, Fax.: 0228 215503
E-Mail: bhu@bhu.de, Internet: www.bhu.de
Bankverbindung: Kreissparkasse Köln
Konto 100 007 855, BLZ 370 502 99

Präsidentin: Senatorin a.D. Dr. Herlind Gundelach
Bundesgeschäftsführerin: Dr. Inge Gotzmann

BHU-Landesverbände

Landesverein Badische Heimat e.V.

Landesvorsitzender: Regierungspräsident a.D.
Dr. Sven von Ungern-Sternberg
Geschäftsführer: Karl Bühler
Hansjakobstraße 12, 79117 Freiburg i. Br.
Tel. 0761 73724, Fax 0761 7075506
E-Mail: info@badische-heimat.de,
Internet: www.badische-heimat.de

Bayerischer Landesverein für Heimatpflege e.V.

1. Vorsitzender: Landtagspräsident a.D.
Johann Böhm, Geschäftsführer: Martin Wölzmüller
Ludwigstraße 23, 80539 München
Tel. 089 2866290, Fax 089 28662928
E-Mail: info@heimat-bayern.de,
Internet: www.heimat-bayern.de

Brandenburg 21 – Verein zur nachhaltigen Lokal- und Regionalentwicklung im Land Brandenburg e.V.

Vorsitzender: Chris Rappaport
Haus der Natur, Lindenstraße 34, 14467 Potsdam
Tel. 0152 33877263
E-Mail: brandenburg21@gmx.de,
Internet: www.nachhaltig-in-brandenburg.de
und www.lebendige-doerfer.de

Verein für die Geschichte Berlins gegr. 1865 e.V.

Vorsitzender: Dr. Manfred Uhlitz,
Geschäftsstelle: Henning Nause
Lichterfelder Ring 103, 12279 Berlin
Tel. 030 7115806
E-Mail: nause@DieGeschichteBerlins.de, Internet: www.DieGeschichteBerlins.de

Bremer Heimatbund – Verein für Niedersächsisches Volkstum e.V.

Vorsitzer: Wilhelm Tacke,
Geschäftsführer: Karl-Heinz Renken
Friedrich-Rauers-Straße 18, 28195 Bremen
Tel. 0421 302050

Verein Freunde der Denkmalpflege e.V. (Denkmalverein Hamburg)

Vorsitzender: Helmuth Barth
Alsterchaussee 13, 20149 Hamburg
Tel. und Fax 040 41354152
E-Mail: info@denkmalverein.de,
Internet: www.denkmalverein.de

Gesellschaft für Kultur- und Denkmalpflege – Hessischer Heimatbund e.V.

Vorsitzende: Dr. Cornelia Dörr,
Geschäftsführerin: Dr. Irene Ewinkel
Bahnhofstraße 31 a, 35037 Marburg
Tel. 06421 681155, Fax 06421 681155
E-Mail: info@hessische-heimat.de,
Internet: www.hessische-heimat.de

Lippischer Heimatbund e.V.

Vorsitzender: Bürgermeister a. D. Friedrich Brakemeier,
Geschäftsführerin: Yvonne Koch
Felix-Fechenbach-Straße 5 (Kreishaus),
32756 Detmold
Tel. 05231 627911/-12, Fax 05231 627915
E-Mail: info@lippischer-heimatbund.de,
Internet: www.lippischer-heimatbund.de

Anschriften BHU und Landesverbände

Landesheimatverband Mecklenburg-Vorpommern e.V.
Präsident: Prof. Dr. Horst Wernicke,
Geschäftsführer: Karl-Ludwig Quade
Friedrichstraße 12, 19055 Schwerin
Tel. 0177 4213503
E-Mail: Lhv-sn@landesheimatverband-mv.de,
Internet: www.landesheimatverband-mv.de

Niedersächsischer Heimatbund e.V.
Präsident: Prof. Dr. Hansjörg Küster,
Geschäftsführerin: Dr. Julia Schulte to Bühne
Landschaftstraße 6 A, 30159 Hannover
Tel. 0511 3681251, Fax 0511 3632780
E-Mail: Heimat@niedersaechsischer-heimatbund.de,
Internet: www.niedersaechsischer-heimatbund.de

Rheinischer Verein für Denkmalpflege und Landschaftsschutz e.V.
Vorsitzender: Landrat Frithjof Kühn,
Geschäftsführerin: Dr. Heike Otto
Ottoplatz 2, 50679 Köln
Tel. 0221 8092804/-5, Fax 0221 8092141
E-Mail: otto@rheinischer-verein.de,
Internet: www.rheinischer-verein.de

Institut für Landeskunde im Saarland e.V.
Direktor: Regierungsdirektor Delf Slotta
Zechenhaus Reden, Am Bergwerk Reden 11,
66578 Schiffweiler
Tel. 06821 9146630, Fax 06821 9146640
E-Mail: institut@iflis.de, Internet: www.iflis.de

Landesheimatbund Sachsen-Anhalt e.V.
Präsident: Prof. Dr. habil. Konrad Breitenborn,
amt. Geschäftsführerin: Dr. Annette Schneider-Reinhardt
Magdeburger Straße 21, 06112 Halle (Saale)
Tel. 0345 2928610, Fax 0345 2928620
E-Mail: info@lhbsa.de, Internet: www.lhbsa.de

Landesverein Sächsischer Heimatschutz e.V.
Vorsitzender: Prof. Dr. Hans-Jürgen Hardtke,
Geschäftsführerin: Susanna Sommer
Wilsdruffer Straße 11/13, 01067 Dresden
Tel. 0351 4956153, Tel./Fax 0351 4951559
E-Mail: landesverein@saechsischer-heimatschutz.de,
Internet: www.saechsischer-heimatschutz.de

Schleswig-Holsteinischer Heimatbund e.V.
Vorsitzende: Jutta Kürtz,
Geschäftsführer: Dirk Wenzel
Hamburger Landstraße 101, 24113 Molfsee
Tel. 0431 983840, Fax 0431 9838423
E-Mail: info@heimatbund.de,
Internet: www.heimatbund.de

Schwäbischer Heimatbund e.V.
Vorsitzender: Fritz-Eberhard Griesinger,
Geschäftsführer: Dr. Bernd Langner
Weberstraße 2, 70182 Stuttgart
Tel. 0711 239420, Fax 0711 2394244
E-Mail: info@schwaebischer-heimatbund.de,
Internet: www.schwaebischer-heimatbund.de

Heimatbund Thüringen e.V.
Vorsitzender: Dr. Burkhardt Kolbmüller,
Geschäftsführerin: Barbara Umann
Hinter dem Bahnhof 12, 99427 Weimar
Tel. 03643 777625, Fax 03643 777626
E-Mail: info@heimatbund-thueringen.de,
Internet: www.heimatbund-thueringen.de

Westfälischer Heimatbund e.V.
Vorsitzender: Landesdirektor Dr. Wolfgang Kirsch,
Geschäftsführerin: Dr. Edeltraud Klueting
Kaiser-Wilhelm-Ring 3, 48145 Münster
Tel. 0251 2038100, Fax 0251 20381029
E-Mail: westfaelischerheimatbund@lwl.org,
Internet: www.westfaelischerheimatbund.de

Bewahren und Gestalten

Bund Heimat und Umwelt in Deutschland

Der BHU

Der Bund Heimat und Umwelt in Deutschland (BHU) ist der Bundesverband der Bürger- und Heimatvereine in Deutschland. Er vereinigt über seine Landesverbände rund eine halbe Million Mitglieder und ist somit die größte kulturelle Bürgerbewegung dieser Art in der Bundesrepublik Deutschland. Seit seiner Gründung im Jahr 1904 durch den Musikprofessor Ernst Rudorff (1840–1916) setzt sich der BHU für die Kulturlandschaften und die in ihnen lebenden Menschen ein.

Mensch + Natur + Kultur = Heimat

Unsere Themen

Der Bund Heimat und Umwelt in Deutschland (BHU) hat die Erhaltung und Entwicklung der Kulturlandschaft und ihrer schützenswerten Elemente zu seinem Aufgabenschwerpunkt erklärt. Die interdisziplinär und praxisnah angelegte Arbeit des BHU umfasst folgende Themen:

- Bürgerschaftliches Engagement
- Kulturlandschaft
- Natur und Umwelt
- Denkmäler und Baukultur
- Regionale Identität
- Sprachen und Dialekte

Unser Auftrag

- **Bewahren und Gestalten**
  Dem BHU geht es um das Bewahren und Gestalten vorhandener Werte unseres Natur- und Kulturerbes. Der BHU ist hierbei Partner und Ideengeber und vertritt die Interessen der Bürger. Gemeinsam wollen wir unsere Kulturlandschaften erkunden, erhalten und lebenswert weiterentwickeln.

- **Vermitteln**
  Der BHU übernimmt eine Vermittlerfunktion zwischen den Menschen in den jeweiligen Heimatregionen, der Politik, den Behörden sowie den verschiedenen Fachdisziplinen. Die Öffentlichkeitsarbeit bildet einen Schwerpunkt der Verbandsarbeit.

- **Bürgerbeteiligung stärken**
  Der BHU setzt sich ein für eine aktive Mitwirkung der Bürger an der Gestaltung ihres jeweiligen Lebensumfeldes.

- **Netzwerke bilden**
  Der BHU ist aktiv an der Vernetzung mit anderen Institutionen auf nationaler und internationaler Ebene beteiligt. So hat der BHU das Deutsche Forum Kulturlandschaft ins Leben gerufen. Hierbei handelt es sich um ein Informationsnetzwerk aus über 50 bundesweit tätigen Organisationen im Bereich der Kulturlandschaft.

- **Europaweit agieren**
  Der BHU pflegt den Kontakt zu weiteren Heimatverbänden in Europa und wirkt aktiv in europäischen Dachorganisationen mit.

Unsere Angebote

Der BHU veranstaltet Tagungen, Fortbildungen und Wettbewerbe. In der Publikationsreihe des BHU können Sie sich über unser breites Themenspektrum informieren. Weitergehende Informationen stellen wir jeweils aktuell auf unseren Internetseiten zur Verfügung.

http://www.bhu.de
http://www.forum-kulturlandschaft.de
http://www.historische-gruenflaechen.de
http://kulturlandschaftserfassung.bhu.de
http://niederdeutsch.bhu.de

Ihre Mitwirkung

Mit einer Spende können Sie die Arbeit des Bund Heimat und Umwelt (BHU) unterstützen und leisten damit gleichzeitig einen wichtigen Beitrag zur Erhaltung der Kulturlandschaften und Ihrer Heimat. Spenden sind willkommen und steuerlich absetzbar.

Kreissparkasse Köln,
Konto 100 007 855, BLZ 370 502 99

Unsere Landesverbände sind auch in Ihrem Bundesland aktiv. Werden Sie dort Mitglied und wirken Sie vor Ort mit.

Gerne nehmen wir Ihre Kontaktdaten in unseren Verteiler auf, um Sie über aktuelle Aktivitäten, Veranstaltungen und Neuerscheinungen zu informieren.

Sie haben Fragen oder Anregungen? Sprechen Sie uns an.

Wir sind Ihr Ansprechpartner

Bund Heimat und Umwelt in Deutschland (BHU)
Bundesverband für Kultur, Natur und Heimat e.V.
Adenauerallee 68
53113 Bonn
Telefon: +49 228 224091
Fax: +49 228 215503
E-Mail: bhu@bhu.de
Internet: www.bhu.de

Publikationen des BHU

Die Liste stellt eine Auswahl aktueller Publikationen des Bund Heimat und Umwelt dar. Alle Publikationen können über den BHU bezogen werden, wir bitten hierfür um eine Spende. Einen entsprechenden Spendenüberweisungsträger legen wir Ihrer Sendung bei. Für die Fortsetzung unserer Arbeit sind wir auf Spenden angewiesen und bitten Sie daher herzlich um Unterstützung. Im Regelfall versenden wir jeweils Einzelexemplare. Größere Abgabemengen sind auf Anfrage möglich. Bitte beachten Sie auch unsere Internetseite www.bhu.de. Dort finden Sie unter der Rubrik „Publikationen" weitere Veröffentlichungen.

BÜCHER UND BROSCHÜREN:

Religion und Landschaft
Als Grundlage insbesondere für die Vermittlungsarbeit gibt diese Publikation einen spannenden Einblick in die Thematik des religiös geprägten kulturellen Erbes und zeigt, wie sich Religionen in der Landschaft manifestieren. Im Mittelpunkt steht dabei das christliche Kulturerbe. *Buch mit 164 Seiten (2013)*

Beispiele und Methoden zur Kulturlandschaftsvermittlung
Die Aktivitäten des BHU zur Kulturlandschaftsvermittlung haben gezeigt, dass der Austausch über Best-Practice-Beispiele und die Vernetzung der Akteure wichtig sind. Dieses Methodenhandbuch bietet konkret beschriebene zielgruppengerechte Anregungen zur Umsetzung. *Buch mit 120 Seiten (2012)*

Klötze und Plätze – Wege zu einem neuen Bewusstsein für Großbauten der 1960er und 1970er Jahre
Die heute oft als Klötze gescholtenen Großbauten der 1960er und 1970er Jahre prägen vielerorts unsere Städte. Die Publikation zeigt Probleme und Potenziale solcher Bauten auf und regt dazu an, Qualitäten zu entdecken und zu vermitteln. – Tagungsdokumentation. *Buch mit 204 Seiten (2012)*

Jagdparks und Tiergärten – Naturschutzbedeutung historisch genutzter Wälder
Jagdparks und Tiergärten weisen historisch genutzte Wälder und eine Vielzahl von Strukturen auf, die eine hohe Biodiversität bedingen. Am Beispiel dieser historischen Anlagen wird insbesondere auf die naturschutzfachliche Bedeutung dieser Wälder hingewiesen. Ausgewählte Fallbeispiele ergänzen den Leitfaden. *Buch mit 168 Seiten (2012)*

Biologische Vielfalt – ein Thema für Heimatmuseen
Der von informativen Begleittexten und Praxisbeispielen flankierte Leitfaden bietet Strategien zur zeitgemäßen Vermittlung in Heimatmuseen. Schwerpunkte bilden die Themen Biodiversität, Nachhaltige Entwicklung und Kulturlandschaft. *Buch mit 180 Seiten (2011)*

Vermittlung von Kulturlandschaft an Kinder und Jugendliche
Die Publikation gibt einen Überblick über erprobte Projekte und Methoden, Kinder und Jugendliche für das Thema Kulturlandschaft zu interessieren.
Tagungsdokumentation. *Buch mit 108 Seiten (2011)*

Wasser – die Seele eines Gartens
Das Buch bietet vielfältige Anregungen zum Thema Wasser in historischen Gärten und gibt Einblicke in Facetten wie Denkmalpflege, Ökologie, Recht oder bürgerschaftliches Engagement. Tagungsdokumentation. *Buch mit 96 Seiten (2011)*

Landwirtschaft und Kulturlandschaft
Das Memospiel mit 54 Kartenpaaren und einer informativen Begleitbroschüre stellt vor, wie die Landwirtschaft zur Vielfalt der Kulturlandschaft beiträgt. Die Entstehung unterschiedlicher Landschaften in Deutschland wird anschaulich erklärt. *Broschüre mit 60 Seiten inkl. Spiel (2011)*

Landwirtschaft – Kulturlandschaft – Regionale Esskultur
Nahrungs- und Genussmittelanbau prägen charakteristische Landschaften. Die Publikation zeigt den Zusammenhang zwischen Ernährungskultur und der Attraktivität der Kulturlandschaft. – Tagungsdokumentation. *Buch mit 132 Seiten (2010)*

Regionale Baukultur als Beitrag zur Erhaltung von Kulturlandschaften
Durch regionale Formensprache und Materialien entstanden charakteristische Baukulturen, die unsere Kulturlandschaften prägen. Das Buch liefert Empfehlungen für einen zeitgemäßen Umgang mit regionaler Baukultur. – Tagungsdokumentation. *Buch mit 120 Seiten (2010)*

Kultur – Landschaft – Kulturlandschaft
Die Erhaltung unserer Kulturlandschaft, aber auch ihre Weiterentwicklung zählen zu den vorrangigen Aufgaben unserer Zeit. Die bebilderte Broschüre versteht sich als Einführung in das vielfältige Thema „Kulturlandschaft". *Broschüre mit 12 Seiten (2010)*

Wege zu Natur und Kultur
Mit einem Leitfaden gibt das Buch wertvolle Informationen zur Anlage oder Überarbeitung von Lehr- und Erlebnispfaden und ähnlichen Informationswegen. Begleittexte mit Praxisbeispielen ergänzen den Leitfaden. *Buch mit 120 Seiten (2010)*

Kulturlandschaft in der Anwendung
Das Buch gibt – sowohl auf bundesweiter als auch auf europäischer Ebene – einen Überblick über aktuelle anwendungsbezogene Projekte zum Thema Kulturlandschaft. – Tagungsdokumentation
Buch mit 178 Seiten (2010)

Weißbuch der historischen Gärten und Parks in den neuen Bundesländern
Das Buch vermittelt auf anschauliche Art und Weise den in Jahrhunderten gewachsenen Reichtum der Gartenkultur Deutschlands und lädt ein, verborgene und weniger bekannte Gärten zu besuchen.
Buch mit 166 Seiten (3., überarbeitete Auflage, 2009)

Landwirtschaft zu Omas Zeiten
Landwirtschaft ist spannend! Die Publikation zeigt, wie sich Kinder und Jugendliche mit der Arbeit und dem bäuerlichen Umfeld – in Vergangenheit und Gegenwart – auseinandergesetzt haben. – Wettbewerbsdokumentation. *Buch mit 60 Seiten (2009)*

Publikationen des BHU

Historische Nutzgärten. Bohnapfel, Hauswurz, Ewiger Kohl – Neue Rezepte für alte Nutzgärten
Die Publikation veranschaulicht, wie es gelingen kann, die über Jahrhunderte gewachsene Gartentradition hinsichtlich der Nutzpflanzengärten neu zu beleben und damit zu erhalten. – Tagungsdokumentation. *Buch mit 132 Seiten (2009)*

Naturschutz vermitteln in Friedhofs- und Parkanlagen
Das Buch bietet Anregungen und praktische Beispiele für die Umsetzung und Vermittlung von naturschutzrelevanten Themen in Friedhofs- und Parkanlagen. Ergänzend werden didaktische Hinweise gegeben. – Tagungsdokumentation. *Buch mit 96 Seiten (2009)*

Vermittlung von Kulturlandschaft
Die Publikation stellt vielfältige Möglichkeiten zur Vermittlung von Kulturlandschaftsthemen vor. Diese umfassen Erfahrungen u.a. aus dem schulischen, ehrenamtlichen und kommunalen Bereich. – Tagungsdokumentation. *Buch mit 156 Seiten (2009)*

Vom Frühstücksei zum Abendbrot
Nahrungsmittel lassen sich zwar im Supermarkt kaufen, aber erzeugt werden sie dort nicht. Die Publikation zeigt, wie Kinder und Jugendliche in ihrer Region Landwirtschaft und deren Produkte entdecken. – Wettbewerbsdokumentation. *Buch mit 72 Seiten (2008)*

Denkmalschutz barrierefrei
Das Bewusstsein für die Notwendigkeit und die Vorteile von Barrierefreiheit setzt sich in unserer Gesellschaft allmählich durch. Die Publikation stellt 14 vorbildhafte Lösungen zum barrierefreien Umbau historischer Gebäude vor. – Wettbewerbsdokumentation. *Buch mit 84 Seiten (2008)*

Die Publikationen sind zu bestellen beim:

Bund Heimat und Umwelt in Deutschland (BHU)

Bundesverband für Kultur, Natur und Heimat e.V.

Adenauerallee 68

53113 Bonn

E-Mail: bhu@bhu.de, Internet: www.bhu.de

Telefon: +49 228 224091, Fax: +49 228 215503

Konto-Nr. 100 007 855

Kreissparkasse Köln, BLZ 370 502 99

IBAN DE 94 3705 0299 0100 0078 55

BIC COKSDE33